不假裝
也能
閃閃發光

THE IMPOSTER'S EDGE

停止自我否定、治癒內在脆弱，
擁抱成就和讚美的幸福配方

張瀞仁 JILL CHANG 著

方舟文化

獻給所有——覺得自己不夠好的人

國內外一致好評推薦

在十餘年身為醫師和教練的職涯中，我看過無數深受冒牌者症候群所苦的人（包括我自己）。很開心Jill用她充滿力量的故事和觀點把這個主題帶到亞洲。無論你多常感到「我不值得這一切」或「我一定會失敗」，你永遠都可以回頭在這本書中找到解決之道。

——*Michaela Muthig* **米凱拉．穆希格**（德國身心科醫師、行為治療專家、《冒名頂替綜合症》作者）

當我在我們的媒體ＰＩＶＯＴ上訪問Jill時，我馬上知道這會是我二十年記者生涯中最棒的訪問之一。她在鏡頭前傳達了強而有力的訊息「安靜不是缺點，而是職場人士的新優勢」。我們的觀眾大部分是在競爭商業世界中的企業家、工程師與新世代企業領導人，大家因為她的話大受鼓舞：這場訪談在Youtube上觀看次數超過二十三萬次，對我們來說是極大的成功，留言區裡也充滿觀眾們對Jill興奮而熱切的讚美。

但我最驚訝的是Jill對這件事情的反應。當我告訴她：這系列訪談有多受歡迎時，她的第一反應不是開心，而是道歉。她說她回答我的某些問題時說得不夠清楚，而且訪談會成功是因為我是很棒的訪問者。

Jill無疑是冒牌者，但她再次把這件事變成她新的優勢。她不居功，因為她把成就歸於團隊努力。即使寫了暢銷書或完成了完美的訪問，她仍然覺得是讀者和觀眾的幫忙。就是因為這樣，Jill反而吸引越來越多粉絲。她很少展現自信，不是因為她怯懦，而是因為她永遠在反省並追求進步。

在這本突破性的書中，Jill破解許多迷思，讓我們知道正向、自信不一定每個人身上都有。書裡面的每一句話都可以解鎖讀者的天賦與內在靈魂。這不只是一本書，而是內向女王帶來的一場革命，將永遠改變你的職涯和生命。

——竹下隆一郎（日本媒體PIVOT副總裁兼首席全球編輯長）

作為新創投資人和職場導師，我知道無數企業家和職場人士為冒牌者症候群所苦。這本書不僅有Jill的深刻見解，也是一座寶庫，提供有效克服這種普遍難題的實用策略和建議。

在這本引人入勝的書中，Jill充分傳達了一個重要訊息：就算有時會感到自我懷疑，但你有能力，而且值得這一切。這本書帶著Jill獨具特色的溫暖、誠實、幽默和豐富的國際經驗，充滿引人入勝的內容。如果你正在對抗冒牌者症候群、釋放潛在天賦的路程上，本書絕對是必讀之作。

——*Fran Hauser* **法蘭・豪瑟**（美國新創投資家、《柔韌》作者）

如果你為冒牌者症候群所苦，那你絕對不能錯過這本書。Jill在書中誠實並開放地分享自己的經驗，用別具一格的方式提醒我們，冒牌者症候群有多麼普遍，還有展現脆弱是多麼重要。Jill的書寫風格清澈、溫暖且務實，我毫不懷疑她書中分享的經驗會幫助許多人克服冒牌者症候群，覺得不再孤單。

——*Jessamy Hibberd* **潔薩米・希伯德**（英國臨床心理學家、TED講者、《冒牌者症候群》作者）

在由佐美佳子的著作《心理模型》中，她指出「恐懼」像是普遍存在的幽靈，陰魂不散地在生活中出現。她把恐懼分成四種類型：怕自己不夠好、怕不被愛、怕孤獨、怕失去重要的事物。

即使是登上雜誌的成功人士，這些恐懼也還是會存在並困擾他們。有時候我們會覺得自己像是戴上面具，或真實的自己並沒有那麼好；這是一種強大的恐懼，但我們時常選擇忽略。在這本開創性的作品中，Jill講出了平常不會有人講的事，對於面對恐懼與自我懷疑（不管是顯性還是隱性）的職場人士來說，本書是不可或缺的作品。

——**藤吉雅春**（《日本富比世雜誌》總編輯）

第一本書就站上美日排行冠軍，在全世界範圍暢銷，Jill應該是我認識達到如此成就的第一人。但是，跟她見面講話或收到她的信件時，她還是溫柔、謙虛，甚至帶著些不好意思，讓我不禁懷疑在我眼前的是不是「冒牌者」？直到看了這本書後，才知道Jill曾為「冒牌者效應」所困，花了很久才找到方法，最後與它和平共存。

現在我終於了解，為什麼當初很不容易才能說服Jill把募款簡報放上網路，原來她真正過不了的是心裡的那一關。還好我們推她一把，給她支持，才能讓更多人看到Jill的理念與付出。而這本書，就是幫助被「冒牌者心態」所困的你，推你一把，也給你支持，讓你通過心裡的那個坎，成為更值得愛的自己。如果安靜是一種超能力，那麼這本書將讓你超越冒牌者心態，成為更值得讚賞的你。

——**王永福**（頂尖企業講師、簡報與教學教練、資管博士）

從小到大，每到一個新群體中，我總會懷疑自己是其中最差的那個。僅是因為自己一路掩飾得好，大家才始終沒發現。後來接觸了心理學，知道這叫做「冒牌者症候群」。

我後來認識瀞仁。一開始，我感覺她是一個安靜內斂，但眼神有著銳利光芒的人。我猜她內心應該強大無比，畢竟她工作能力強，事業很有成績，當時出的第一本書也賣得很好。加上她洞察力敏銳，從她的書來看，我發現她對內向者的觀察入微、提供的建議精準，像她這麼完美的人，應該也是自信滿滿才是。直到後來我才發現，這樣的她，其實也有冒牌者症候群的困擾！

但話說回來，誰又能說自己完全沒有冒牌者症候群的困擾呢？畢竟誰又能完全的強大？無論多厲害的人，也總是有弱點、不足、缺陷，會因為這些而沒有自信。而且你越厲害，越知道人外有人的道理。只是，這份心虛並不表示我們真的無能，只要採取對的方法，總是能把那份心虛填補起來。

我非常高興她寫了這本書。她給我書稿時，我迫不及待就拿來看。這本書跟她前一本書一樣，有很多執行面的建議。五大章節中就有兩個章節完整地在談「迎戰冒牌者的心法」還有「行動指南」，我真心覺得這是一本對大部分人都很有幫助的書！

所以，如果你也是受困於冒牌者症候群，希望能更有自信的人，建議你務必要好好讀完這本書！照著執行，心態上應該會大不相同！

——**張國洋**（「大人學」知識平台共同創辦人）

在台灣社會，即使孩子已經很努力，許多爸媽和長輩仍習慣性地批評孩子以驅使孩子更努力。因為從小都被說不夠好，以至於長大後也對自己的表現充滿懷疑與不夠自信。即便在學業上、工作上已經做到很好了，都還是認為自己不夠好。為「冒牌者症候群」所苦的他們，很難打從心中真正地喜歡自己、愛自己。

Jill這本書，幫助大家勇敢面對心底深處的冒牌者恐懼，也讓大家看到自己的好，對自己更有自信，甚而能開始喜歡自己。這本書是冒牌者症候群的最好救贖，真心推薦大家這本好書。期待我們社會能有更多人因此而開始喜歡自己、愛自己。

——**葉丙成**（台大教授、無界塾實驗教育創辦人）

原先我以為我沒有冒牌者症候群，直到寫文之前看了一位出版社編輯跟我討論我出書的企畫，看到他寫「關鍵評論網共同創辦人馬力歐……從兩人團隊到六百人的跨國團隊……」後面還沒看完，我就先把檔案關掉、深呼吸了。於是，在上一次看Jill寫《安靜是種超能力》讓我體悟到自己偏向內向者，以及該如何面對和善用之後，她再次寫了一本書，打中我內心不明顯但依然存在的不安感。

閱讀此書，只能用「在腦中搭乘無聲的雲霄飛車」來形容我的感受。除了書中時不時戳中我的想法和感受之外，Jill還會提出她的解法、建議和溫柔的安撫，看到最後，就如同坐了一趟刺激的雲霄飛車。除了大呼過癮之外，還會想要時不時重新閱讀，讓自己更能清楚地面對冒牌者經驗，並相信自己的與眾不同。

——**楊士範**（關鍵評論網共同創辦人暨內容長）

吳家德總經理曾問我：「哪一種運動選手最不小心？」答案是游泳選手，因為他們總是「帽帽濕濕」。

讀完瀞仁大作，我浮現了「帽帽濕濕」的諧音：「貌冒思失」。

當代職場戰士多罹患「冒牌者症候群」，總覺得自己不夠好，想要以三倍速奔跑。思考事情時，總患得患失，擔心不夠面面俱到。

紅皇后說：「在這個國度中，全力奔跑不過是為了維持在原地而已。」（In this world, constant running is needed in order to remain in the same place.）（註）

仁女王則說：「儘管踏出讓你舒心的步伐，一步一步，往前，往後，哪怕是原地踏步！」

註：《愛麗絲夢遊仙境》，路易斯・卡洛爾，漫遊者文化，二〇一八年。

——**楊斯棓**（《要有一個人》、《人生路引》作者）

霸氣導師，也有冒牌者經驗。

一直以來，我給人的感覺就是行動敏捷、勇敢嘗試、專家跨界、霸氣狂野。看書稿前，我自己也做了測試，發現我的冒牌者經驗指數不低，我坐在書桌前，把本書看完，我發現了幾件事：

1我始終覺得：是我運氣好

2我始終有：能力不足恐慌

3就算廣播金鐘獎入圍兩項，還是覺得自己不夠好

依照書中描述，我是天才型和專家型冒牌者。

看完書稿，我卻在本書發現「自己不知道的好」，頓時，舒暢無比。

——**謝文憲**（企業講師、作家、主持人）

目錄

國內外一致好評推薦　4
【作者序】你很棒，謝謝你已經這麼努力了！　22
【前言】與冒牌者共處　26
【檢測】測一測你的冒牌者等級　30

Part 1——這樣就是冒牌者　35

咦，你說我是冒牌者嗎？　37

別人眼中的自己加了濾鏡
別懷疑，「菁英」也常貶低自我價值
我就是冒牌者經驗的代言人
你不孤單，搞不好大家都是冒牌者
被逼著不斷演下去的無限迴圈

為什麼我會這樣？冒牌者的常見原因　46

社群媒體的推波助瀾
冒牌者經驗的高風險族群
先天與後天因素的交叉影響

再多成功也不會有幫助！冒牌者的內在因素 52
天啊！連好萊塢巨星都承認自己是冒牌者
低自信、低自尊，讓冒牌者症狀變得嚴重
就算成功也只是僥倖的「歸因偏差」

天才、專家，你是哪一種冒牌者？ 58
多元樣貌的冒牌者中，你是哪一型？

認識自己的冒牌者類型 63
完美主義者型冒牌者：「永遠不夠好」
超人／神力女超人型冒牌者：「沒有全部成功就是失敗者」
天才型冒牌者：「需要付出努力就算失敗」
獨行俠型冒牌者：「向外求援就是失敗者」
專家型冒牌者：「我永遠不夠專業」
我是「獨行俠」和「專家」，你呢？

我就這樣不行嗎？關於冒牌者的迷思 70
迷思一：冒牌者經驗以女性居多
迷思二：就是因為覺得自己不夠好，我才會成功
迷思三：成功＝吃苦，吃苦才會成功

內向者比較容易變成冒牌者嗎？ 79
總是想要變「正常」的內向者
內向者和冒牌者高度相似的特質
冒牌者如何影響工作表現和職涯發展？ 86
沒辦法做其他事的職場勝利組
冒牌者兩大特徵
冒牌者對團隊常見的負面影響

Part 2 — 正面迎戰冒牌者的心法

95
告別冒牌者心態：你不是個錯誤，永遠不是！ 97
鞭打自己的陽光主管
不再追求完美，持續進步就有無限可能
一切都是運氣vs運氣是一種實力
練習就會有進步，你就是天才
貶低自己和謙虛只有一線之隔
「我失敗了」跟「這件事失敗了」，心態大不同
被喜歡、有人肯幫你，也是一種能力

從內在開始，建立自我認知 109
在對抗的過程中，長出力量
打破冒牌者循環，提升自尊
容許退一步，客觀看待自己的一切
恐懼表示在乎，而在乎就表示會做最好的準備
好好失敗，一切只是機率問題
失敗過後，更能面對難題、接受改變

對抗冒牌者的心法練習 120
自我鼓勵必須刻意練習
了解自己的冒牌者時刻
自我覺察書寫練習
讓自我批判與負面想法安靜
對自己仁慈，做自己的加油團！

Part 3 — 給冒牌者的專屬行動指南 129

設定合理、適合的目標 131
任由稻草壓垮自己的駱駝
如何檢視目標是否適合自己？

找到適合自己的「合理的目標」

建立面對挫折和失敗的韌性 139
熱血可以對抗逆境嗎？
累積失敗經驗，量越大越好
慢慢失敗、小小失敗
專注在過程，先不要管結果
如火影忍者般建立分身
建立韌性兩大關鍵：心智對比和執行意圖

增強信心、提升自我價值的策略 150
拉開一段心理距離，客觀評價
面對自我懷疑與羞恥時刻：說出來
善用事實，建立你的武器庫
成長心態，慶祝小小的勝利

社群媒體排毒，有助於減輕冒牌者症狀 159
不知不覺社群媒體成癮了
社群媒體使用程度越高，冒牌者經驗越嚴重
時間花在哪裡，你就是什麼樣的人

移掉手機上的社群APP
建立健康工作模式，不用急著回覆

負負得正的冒牌者聯盟 168
享受一趟確信會搞砸的出差？
在你還沒滅頂時，求援吧！

沒有人是一座孤島！發展組織中的支持體系 175
給予實質支持，建立職場導師系統
主管可以怎麼做？
人資可以怎麼做？
如何發現冒牌者徵兆？

Part 4 — 冒牌者不再是職場成功的絆腳石

185

菜鳥、格格不入、才華不足的冒牌者 187
打從心裡覺得自己配不上這一切
把握期間限定的新人免死金牌
不只跟別人一樣適任，你還很特別
積極創造存在感

先舉手再說

冒牌者的對外溝通術，重點是不卑不亢 197

把自我懷疑變成禮物
善用會議萬用句型，走出舒適圈
展現專業和服務，不是討好客戶
緊抓底限、爭取空間、創造雙贏

冒牌者的目標管理關鍵 206

積極目標vs消極目標
訂定過程導向目標或複合式目標
漸進式探索與開發自身能力
結合個人目標和團隊目標

大步向前！面對新挑戰、轉職和重大決定 213

你過度努力了嗎？
三要件確保工作有意義感
不會有準備好那天
找到核心價值，活出人生的力量
只有動態調整，沒有需要道歉的決定

冒牌者的自我行銷，先求有再求好 223
拋掉如影隨形的羞愧感
不完美才是最好的行銷
用「我們」代替「我」
懂得在遊戲規則內「偷好球」

冒牌者的談判策略，化阻力為助力 231
如履薄冰的冒牌談判者
以事實為基礎建立自信
充分準備、擬定策略、設計替代方案
求援也是一種戰術
過於強勢、機車，容易招致反效果
將冒牌者經驗化為優勢

減法思維處理人際關係 241
最怕習慣當個冒牌者
與人連結，不要怕欠人情
設立界線，掌握人際關係主動權
面對衝突時，務必區分事實和感覺

主動出擊，向上管理 249
目標是讓老闆言聽計從
用慣例和目標主導溝通節奏
遊戲規則是討論出來的
不著痕跡、不討人厭的邀功藝術
適度向主管表現弱點

主管不必當超人 257
故作堅強不一定是好事
接受自己是冒牌者
主管展現脆弱，好處意想不到
擔任資淺成員的職場導師

Part 5 — 冒牌者經驗讓你變得更強大

267

內向冒牌者，接納自己與眾不同 269
擁抱內向特質，揮別冒牌者經驗
你可以跟別人不一樣
區分冒牌者時刻與風險管理時刻

先聚焦在優點，再改善缺點

跨文化職場中的冒牌者 277

跨文化溝通眉角多
高情境與低情境溝通的差別
語言障礙不等於溝通障礙
用不同背景創造優勢與特點

勇敢當個獨一無二的人 285

不是你的問題
擁抱自己的獨特
究竟你要向誰證明？
打造自己的智庫

【結語】與冒牌者經驗共處、畢業 295
【後記】 305
參考資料 325

【作者序】

你很棒，謝謝你已經這麼努力了！

我在跨二十多國的團隊中擔任主管、我的書曾經登上美國亞馬遜排行榜第一名、在全世界賣了二十幾萬本、在美國獨立出版年度大獎Foreword INDIES獲獎、在日本被選為年度翻譯書第一名；我經常上世界各國的訪問、在無數的深夜對跨國企業演講、我號召的募款活動在十天內就募到超過受贈單位十四年募到的款項，讓他們驚喜到不敢置信……。

光聽我這樣說，你應該覺得我是那種閃閃發亮、改變世界的人物吧？

其實，我都是裝出來的。別人或許看不太出來，但大部分的時候，我腦袋裡想的是：「我為什麼會在這裡？」受邀演講的時候，我看著旁邊的企業家或政治人物，我會想著：「我為什麼可以跟他們一樣，在這邊吃著看起來這麼貴的便當？」

收到讀者感謝時，我會想：「不不不，每個人都可以寫出比我好的作品，只是大家忙著做更重要的事情，所以由比較閒的我先寫下來。」

我講話開頭常常是道歉、想把自己縮到最小，我喜歡收到誇獎，不過誇獎帶來的自信大概只能維持二十秒，然後我會繼續跌回自我懷疑的無限迴圈。

「總有一天運氣會用完、我會被識破，會不會就是今天？」我時常擔心著。更慘的是，因為頭已經洗一半了，只能用一二〇%的努力繼續裝下去，孤獨且艱苦地撐著。他們說這叫「冒牌者症候群」，真貼切，我就是冒名頂替張瀞仁的人啊。

拿起這本書的你，應該或多或少有類似的經驗吧？覺得自己大部分的成功都是運氣、別人好心幫忙，或莫名的天時地利；總之，不是因為我們的才能、天賦或努力。

我就這樣長大、進入職場，每天都用力裝成對社會有貢獻的樣子，直到發生了兩件事。

第一件，是讀到蜜雪兒・歐巴馬（Michelle Obama）的著作《成為這樣的我：蜜雪兒・歐巴馬》（*Becoming*）。書中她描述自己打破種種藩籬進入普林斯頓大學後，在校園裡走到哪裡都會受到「你為什麼會在這裡」的眼光，讓她覺得自己或許真的不屬於那個地方。

第二件，是瑞絲・薇斯朋講述自己演出《為你鍾情》（*Walk the Line*）時，每天都想放棄，覺得「我做不到、我一定會搞砸！」，甚至問律師怎樣才能解約。

類似的還有，奧斯卡常客湯姆・漢克斯到六十歲還是會擔心別人發現自己沒有那麼會演戲、傳奇名廚沃夫甘・帕克（Wolfgang Puck）的餐飲帝國即使已經遍布全球，還是會焦慮新餐廳開張那天沒人來。

這種狀況根本是我熟悉不過的日常，可是竟然連他們也會這樣!?

後來的故事大家都知道了，蜜雪兒・歐巴馬成為律師、總統夫人，還創辦了食品公司；瑞絲・薇斯朋當初百般想逃避的《為你鍾情》讓她成為奧斯卡影后，後來她又得了艾美獎、成為製作人、創立市價上億美金的企業。

他們充滿力量的身影讓我知道：即使自我懷疑、覺得自己不配，還是有辦法克服，並且發揮正面的影響力。而這本書，就是我努力克服並從中學習到的經驗。雖然不知道什麼時候才有辦法從冒牌者經驗中畢業，但我經過多年人體實驗試出了一些和平共存的方法，也希望和你分享。

這本書的章節書寫，有點像是冒牌者經驗的旅程；如果你已經對冒牌者有些認知，歡迎依自己在旅程中的位置挑著看，當然也歡迎跟我一起走完全程。Part 1介紹冒牌者症候群、破除和冒牌者相關的迷思，並說明冒牌者經驗對職場工作者的影響。Part 2介紹建立對抗冒牌者的心法和自我認知；Part 3介紹實際作法，如何將冒牌者因素降到最低。Part 4和Part 5聚焦在職場工作者，說明冒牌者在職場上如何應對（如溝通、管理、談判、自我行銷等），包含組織層面可以採用的作法，再針對某些特定情境下的冒牌者（如內向者、跨國工作者等）提供方法。旅程的最後，我提供了一些和冒牌者經驗長期相處時可以抱持的心態和作法。

我很喜歡華頓商學院教授亞當・格蘭特（Adam Grant）的一段話，並時常放在心裡：「人們是靠克服挑戰來建立自信，而不是靠自信來克服挑戰。當你覺得困難時，通常是因為你的技能正在提升；而感覺到自己是冒牌者的時候，只是因為你正在學會新東西。」[1]。

你有沒有想過怎麼樣的你才會覺得自己配得上這一切呢？或許就是現在；或許，試著跟自己說：「我運氣很好，而且我很努力地運用這些好運，所以才可以完成這些。」

獻給所有覺得自己沒那麼厲害的人，你很棒，謝謝你已經這麼努力了！

【前言】

與冒牌者共處

像平常一樣，吉兒點開郵件，但這次她嚇到馬上關掉了。幾次深呼吸之後，她鼓起勇氣再打開一次，確認沒看錯，一位重量級的企業家要約她見面。沒有透過助理或律師，郵件從他的個人信箱直接發出，收件者只有她一個人。

吉兒的工作是國際慈善顧問，幫助客戶訂定國際慈善策略，並確保捐款有效管理。她的客戶是美國的個人和家族基金會，成立基金會是常見的避稅方式。

她幾乎每天都在接觸這些有愛心的富翁或是他們的律師、會計師、財務顧問。他們的財富多到吉兒難以想像，身為普通上班族的她，發現最好的方法就是把數字只當數字，才不會整天被那麼多零嚇到身心失調。

又因為需要保密的工作特質，吉兒的同溫層很薄，無論是合作夥伴或競爭對手，她能說的不多。這次更是，她完全不知道一週後要怎麼單刀赴會。

「我一定會搞砸的！」吉兒通常沒什麼自信，但對這種自我內心獨白倒是相當肯定。

「這些企業家在商場打拚一輩子、閱人無數，從最小的細節就可以輕易看穿我是個冒牌貨。」吉兒心想。她焦慮得要命，一面把企業家過去所有的資料查過一遍又一遍，一邊在腦海裡預演當天的狀況。

約定的日期到了，她提早二十分鐘抵達，坐在約定的五星級飯店酒廊裡。大片落地窗外是綠油油的草地，夏天傍晚的陽光還很耀眼。

相對於酒廊內暢飲時光的輕鬆，吉兒心裡是一片淒風慘雨：「我在這裡幹嘛？為什麼是我？搞砸這個大客戶怎麼辦？我是不是明天自己先提離職好了。」她彷彿可以看到悲慘世界在眼前展開，跟窗外輕鬆的週五傍晚氣氛形成強烈對比。

「是啊，我為什麼在這裡？」吉兒想著，手心還微微冒著汗。她冷靜下來回想。她在這個產業已經十幾年了，從一個小國家的代表一路升到現在的位置，完整的資歷讓她知道每個利害關係方在每個環節中可能的考量。

她常覺得自己不夠好，所以做事情總是全力以赴；她自覺沒辦法做出最好的判斷，所以態度柔軟、習慣先傾聽、常主動問大家意見；雖然她覺得自己不是商業雜誌裡面那種成功主管，但團隊似乎都很喜歡她。這樣想起來，這些其實都是她的優點。

想到這裡，吉兒轉變心態：「企業家來找我，就是因為他需要我的知識、經驗和服務。他們或許家財萬貫、可以把國際企業經營得有聲有色，但跨國慈善是我的專長。我知道怎麼合法地把錢送到別國還可以抵稅，我知道怎麼挑最合適的受贈單位、管理善款、怎麼讓影響力可長可久……。」

「我們是平等的夥伴關係，不是不對等的主從關係，專心提供適合他的策略就好。」吉兒對自己說，心情也穩定許多。

企業家出現了，簡單的寒暄之後切入重點。他單刀直入地問：「別家都不用收這麼高的服務費，我問過了，至少比你們少二%。我的捐款金額這麼大，我要求至少有二%的折扣。」

就是因為金額大，差個〇．五%就差很多，吉兒心裡想著要怎麼搬出所有可能的武器反擊，證明自己的價值。但後來她決定用自己的方法，笑著說：「對呀，我們真的比較貴。」

因為事前做過詳盡的調查，她舉了對方產業最容易明白的例子：「像原廠藥啊，您們會花很多力氣確保有效成本、製作技術，讓藥可以發揮最大效果。捐款也是，我們保證錢一定會到受贈單位，一毛都不會少。」她沒說的，對方馬上懂了，露出會心一笑。

原廠藥專利到期過後，其他藥廠能以同樣成分、療效、製程等進行研發上市，稱為學名藥。學名藥通常成本低，但藥物的效果與吸收大多不如原廠藥。對照國際捐款來說，有些單位會標榜收費低廉，但確實也有不少狀況是捐款過程曠日廢時，甚至最後沒辦法順利抵達受贈單位，就像有些學名藥沒辦法有效被身體吸收一樣。例子講完之後，價格談判的話題就此結束，話題變得輕鬆，吉兒知道任務完成了。

後來，捐贈者沒有找別人，在吉兒幫助下持續捐贈為數頗豐的金額，幫助受贈國家改善醫療環境。

好吧，吉兒（Jill）就是我。雖然我心中的冒牌者沒有消失過，也老是自我懷疑、覺得做不到、想著什麼時候會被拆穿，但我現在已經可以和它共處了。

【檢測】

測一測你的冒牌者等級

如果你有跟我類似的經驗，下面這個小測驗可以幫助你了解自己經歷的是否為「冒牌者經驗」，還有經驗的強度[1]。

測驗所需時間大約五分鐘，歡迎準備一支筆、泡杯喜歡的飲料，慢慢開始。

每一題，都請依直覺勾選出你的經驗：

1 代表完全不會這樣
2 代表很少這樣
3 代表有時候這樣
4 代表經常這樣
5 代表總是這樣。

測驗開始，GO！

1 2 3 4 5

□ □ □ □ □ 1. 雖然考試或執行工作任務時，結果常常是好的，但開始時我還是會害怕失敗。

□ □ □ □ □ 2. 我會讓人家覺得我比實際上有能力。

□ □ □ □ □ 3. 如果可以的話，我會盡量避免被評分，我害怕知道別人對我的評價。

□ □ □ □ □ 4. 當別人讚美我時，我會害怕以後沒辦法達到他們的期望。

□ □ □ □ □ 5. 有時候我會覺得自己之所以有現在的職位或成就，是因為剛好在對的時間、出現在對的地方、遇見對的人。

□ □ □ □ □ 6. 我怕別人發現我其實沒有看起來那麼有能力。

□ □ □ □ □ 7. 比起我全力以赴的時候，我比較記得我沒有全力以赴的時候。

□ □ □ □ □ 8. 我很少把一件事做到滿意。

□ □ □ □ □ 9. 有時候，我會覺得自己的人生和職場上的成功是出於某種錯誤（譬如面試官打錯分數）。

□ □ □ □ □ 10. 我很難接受別人讚美我的聰明才智或成就。

1	2	3	4	5	
□	□	□	□	□	11. 有時候會覺得我的成功是因為運氣。
□	□	□	□	□	12. 我有時候會對自己失望，覺得應該要做得更好或做到更多。
□	□	□	□	□	13. 有時候我會害怕別人發現我其實沒有知識、能力不足。
□	□	□	□	□	14. 即使我想做的事情通常會成功，但面對新任務時，我常常擔心會失敗。
□	□	□	□	□	15. 當我成功完成某事而接受讚美時，我會覺得自己沒辦法再次複製這樣的成功經驗。
□	□	□	□	□	16. 當我因為某件事受到讚揚時，我常降低自己在那件事裡面的重要性。
□	□	□	□	□	17. 我常在心裡和周圍的人比較，並覺得其他人比我聰明有能力。
□	□	□	□	□	18. 我常擔心考試考不好或任務失敗，即使身邊的人都對我滿有信心的。
□	□	□	□	□	19. 要被升職或接受表揚時，我通常要到非常確定才會跟別人說。
□	□	□	□	□	20. 如果在某件事情上我不算「最好」或至少「非常特別」，我就會覺得沮喪。

現在把分數加起來，你會得到一個介於〇至一〇〇之間的分數：

▼低於四十分：表示冒牌者經驗**不明顯**

▼四十一至六十分：表示有**中度**冒牌者經驗

▼六十一至八十分：表示**常有**冒牌者經驗

▼高於八十分：表示有**強烈**冒牌者經驗

我做出來是八十六分，如果從小到大考試都這麼高分就好了（掩面）。接下來，我們一起了解冒牌者經驗，然後想辦法慢慢把分數降低吧！

Part 1

這樣就是冒牌者

我的第一本書《安靜是種超能力》在不同國家成為暢銷書，在美國、日本都得了年度獎項。對一個菜鳥作者來說，聽起來是不錯的成績對吧？但我覺得羞愧極了。「別的作者都一直出新作品，只有我過了四年還在講同一本書」、「我要怎麼才能請他們不要稱我為作家？理查．鮑爾斯（Richard Powers）或村上春樹那種才是作家，我根本不配！」

聽到被日本知名商業書出版社鑽石社以高價買下版權時，相較於興奮無比的經紀公司，我的第一個反應是跟住在日本的堂妹說：「完蛋了，鑽石社不是都出成功人士的書嗎？他們買錯書了，他們一定會後悔的。」

甚至，到其他國家受訪時，行李裡面即使已經塞滿不同訪問需要的衣服和配件，我也一定會帶著自己的書，裡面寫滿筆記。「回答不出來的時候，我至少可以翻書找答案！」我是這樣想。明明是自己一字一句寫出來的作品，竟然還要抄自己的答案，實在是有點可悲。

只是，到底我是什麼時候變成這樣的呢？是性別、血型、星座、家庭還是個性的原因嗎？我一歲的時候是這樣嗎、八歲的時候是這樣嗎，還是青春期或是進入職場後發生了什麼事？……，原來這一切都是冒牌者情結在作祟。

咦，你說我是冒牌者嗎？

冒牌者經驗（imposter experience）與其說是一種疾病，不如說是一種短期或長期的狀態，是一種個人認為自己配不上成功，也深信自己才智與能力都不夠好的狀態。

別人眼中的自己加了濾鏡

吉莉安最近被公司通知不續約，正煩惱著找工作。她忍不住找之前的主管傑森訴苦：「公司組織重整，他們決定要我離開。可是我什麼都不會、我不知道下一份工作在哪裡。怎麼辦？」

傑森跟吉莉安在一起工作時就是最佳拍檔，即使不在同個國家、實際見面次數不多，但他們一起完成過許多艱難的專案、團隊中許多人都是他們一起面試進來的。就算現在已經不是同事，他們還是經常聯絡的好朋友。

「如果可以重新和妳一起工作，我什麼事都願意做。」傑森說。雖然知道可能只是安慰的話，但吉莉安知道有人站在自己這邊，心裡好過了一點。

「你知道前陣子亞當來西岸找我嗎？」亞當也是他們之前的同事，搬家之後換了工作，現在管理十幾個國家的團隊。「我們兩個見面的時候，一直在講妳有多讚。真希望妳那時候在場，妳就知道我們有多喜歡跟妳一起工作。」傑森說。

吉莉安不敢相信自己有什麼好被誇獎的；對她來說，她只是想盡力度過每一天。她不想出包、不想引人注意，甚至不想被升職，只希望每天都安穩下班就好。面試新進同事時，她暗自慶幸自己早幾年進入職場，不然她不可能跟這些優秀人才競爭；接到新專案時，她總是戒慎恐懼，總害怕哪裡因為自己的不注意或沒處理好而出錯。就算幸運完成，她希望別人不要發現她真的只是運氣好，靠眾神保佑。

「大家都會有自我懷疑的時候，妳這個叫冒牌者經驗，大部分人都有，我也是。」傑森溫和地說。

別懷疑，「菁英」也常貶低自我價值

蜜雪兒是朋友們公認又聰明又酷的那種人。她從美國頂尖法學院畢業、又考上律師之後，不是像大部分的同學一樣進入華爾街或大型法律事務所，而是成為人權律師，在非營利組織工作，幫美國境內的非法移民爭取權益。

她腦筋動得很快，做好多份工作的同時，出書、在更多不同組織當志工，還自己發行電子報。她溫暖、富同理心，對不同文化與社會議題都有敏銳的觀察。

有一次我們剛好都在台北，約在一家溫馨的日本料理店吃飯，席間我隨口問她：「下本書什麼時候動筆啊？」沒想到她低著頭說：「我想我沒辦法再寫書了，這一切都太痛苦了。寫作過程很痛苦就算了，出書後只要每次有人誇獎我的書，我就想極力撇清，心裡總想著：『不不不，你們都誤會了，我只是把看到的事情寫出來！』然後想要趕快逃離現場。」

我驚訝地看著她，不會吧，這不是我心裡無窮盡的OS嗎，怎麼這麼優秀的人也會這樣!?不對，如果連蜜雪兒都這樣，該不會，其實很多人也有類似的經驗吧!?

我就是冒牌者經驗的代言人

這樣問好了，你也會覺得被說恭喜很可怕嗎？有陣子，我在工作上升職了，成為公司有史以來第一個從亞洲晉升到美國總部的經理；我的書在美國出版，登上亞馬遜暢銷榜，成為所謂的暢銷作家；開始接到世界各地的演講邀請，連LinkedIn（領英）社群網站上都有來自各國的交友邀約。但是，我覺得糟透了！

這一切根本是天大的誤會，大家恭喜我的同時，我只能擠出笑容，勉強說：「沒有那麼厲害，我只是運氣比較好！」人們通常會充滿鼓勵地接著說：「哎呦！妳太謙虛了，大方一點接受讚美吧。」

他們可能不懂，我是打從心裡相信我用完這一輩子的運氣才有辦法僥倖達到這些，甚至，我的運氣不太夠讓我繼續演下去，「他們應該下一秒就會知道這都是假的，他們再多認識我一點，就會發現我其實就是一個毫無實力、頭腦不太靈光、數字會算錯，連講電話都容易口吃的人。」

我既糾結又害怕，一方面覺得應該繼續演下去，不要讓別人失望，也讓自己的職場前途光明一點；另一方面我是真心覺得明天，不，可能下個小時就有人發現我只是個草包。

也不對，草包裡面至少還有草，我是真的什麼都沒有。

我就這樣帶著心虛與疑惑，戰戰兢兢地在職場上尋求認同，同時用盡所有方法祈禱不要被人戳破。

隨著年紀漸長，我想知道自己這種症頭是從哪裡來的。是個人層面的缺乏自信、高敏感和內向嗎？還是我成長的東亞文化中強調的謙遜、不居功造成的？

直到我看到知名心理學家潔薩米・希伯德博士（Dr. Jessamy Hibberd）的著作，才知道原來這叫「冒牌者症候群」（imposter syndrome），有些人也稱之為「冒牌者經驗」，本書有時會簡稱「冒牌者」。

你不孤單，搞不好大家都是冒牌者

我比較喜歡「冒牌者經驗」這個詞，與其說是一種疾病，不如說是一種短期或長期的狀態，**是一種個人認為自己配不上成功，也深信自己才智與能力都不夠好的狀態**[1]。

根據希伯德博士的說法，冒牌者經驗在程度上也有區分，從偶爾擔心自己無法完成某項工作，到經常性地深刻恐懼自己被拆穿都有。

有些人只有在某些情況或領域中有類似經驗（譬如剛到新環境時），有些人則是時時刻刻都有強烈的不安全感，連在家都會害怕突然失去一切[2]。根據研究指出，高達七十%的人都有過這種感覺[3]！

根據「冒牌者症候群研究機構」（Imposter Syndrome Institute）的數據顯示，管理階級尤其普遍，八十四%的企業家和中小企業老闆都有過冒牌者經驗、有八十%的CEO覺得無法勝任自己的工作[4]。

也就是說，當你的老闆在會議上高談闊論明年業績目標，或在眾人面前把整個團隊罵得狗血淋頭的同時，他心裡說不定也想著：「我現在在幹嘛？為什麼我會在這裡管理這個團隊？他們會不會拆穿我其實沒有能力領這麼高的薪水、坐我現在的位置？」

冒牌者經驗普遍到什麼程度？連文法修辭軟體Grammerly部落格上都有「看看你是哪種冒牌者」的小測驗[5]，你就知道那些你覺得光鮮亮麗、不可一世，或看起來總是完美無暇的人，或許也是用文法修辭軟體找適合放在email裡的字、向「ChatGPT」的AI問什麼狀況應該怎麼辦，或上網做冒牌者測驗。

冒牌者經驗並不是零或一、有或沒有，而是像潮水一樣，有時候漲、有時候退，有時風平浪靜、有時波濤洶湧。

回到故事開頭，蜜雪兒因為冒牌者經驗而完全放棄寫作了嗎？不，她持續發行精采絕倫的電子報，甚至還得到許多讀者付費贊助。她也著手開始進行下一本著作，寫的就是關於她在不同文化中掙扎的故事。蜜雪兒找到和冒牌者經驗相處的方式，並繼續向前了，我們也可以的。

被逼著不斷演下去的無限迴圈

根據研究指出，冒牌者經驗來襲時，常見的表現有下面幾項：

•冒牌者經驗常見特徵

↓自我懷疑、自我批評、經常性的道歉。
↓過度工作或過度準備。
↓低自尊或自尊不穩定。
↓難以接受表揚或正面回饋，也難以接受失敗或批評，但又經常需要外界認可。
↓有完美主義和強烈的控制慾，不放心他人的能力或工作表現。

冒牌者迴圈

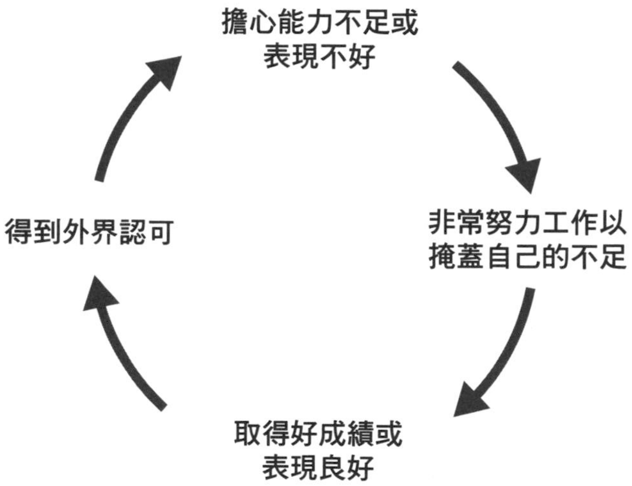

→覺得自己的意見不重要，傾向讓其他人決定，自願放棄自己的發言權和影響力。

→害怕失敗而迴避挑戰或機會。

→害怕被讚揚而故意不成功，或為自己的成就感到內疚。[6][7][8][9]

•無止境的冒牌者迴圈

心理學家麗莎・歐貝–奧斯丁（Dr. Lisa Orbé-Austin）和理查・歐貝–奧斯丁（Dr. Richard Orbé-Austin）在其著作《擁抱你的美好：克服冒牌者症候群、打敗自我懷疑、在人生中成功》（中文書名暫譯，*Own Your Greatness: Overcome imposter syndrome, beat self-*

doubt, and succeed in life）中說明，這些經驗可能會像迴圈般重複出現、難以打破或逃脫，稱為冒牌者迴圈（the imposter cycle）。

冒牌者們擔憂自己能力不足，非常努力工作掩蓋這些不足；他們因為這樣的努力得到好表現、取得外界認可，但這些認可又回頭加重了被拆穿的擔憂，所以又回到第一步。

這種情境好似在滾輪中奮力往前奔馳的倉鼠，精疲力竭之後發現自己其實還在原地，只是徒增全身肌肉痠痛。當你看完這本書時，希望你已經變成不再逼迫自己的倉鼠；即使社會的大滾輪沒有變，但仍能有餘裕和彈性地chill一番。無論是隨性漫步或是大步前進，都有自己明確從容的步調。

為什麼我會這樣？冒牌者的常見原因

比起「我就是這樣」的固定式思維，了解自己冒牌者經驗的成因，並擬定適當的策略、慢慢調整，是比較健康的面對方式。

社群媒體的推波助瀾

社群媒體流行，被認為是助長冒牌者經驗的原因之一。在社群媒體上，人們只PO出好玩、漂亮的高光（highlight）時刻，在濾鏡和影音修飾之下，社群媒體和現實生活落差變大，「別人是不是只喜歡社群媒體上的我」，也變成許多人內心的不安。因為要維持這樣的形象，人們必須花更多時間修飾、經營社群媒體上的形象，漸漸地變成惡性循環，追蹤數越多反而壓力越大。

再加上網路快速、普及的特性，以前我們頂多跟隔壁同學、鄰居小孩或親戚比較，現在只要一個按鍵就看到成千上萬的陌生人做了什麼、去什麼餐廳吃飯，或是又到哪個海島國家度假。

研究顯示，有八十八%的人會透過Meta（臉書）比較自己和他人的生活；而在這些人裡面，九十八%的人是跟自己景仰、羨慕、具有正面特質的人比較。換句話說，在頻繁的「比上不足」情況下，覺得自己不夠好、不夠漂亮、不夠聰明、不夠有錢、不夠開心，也只是剛好而已[1]。

社群媒體的另一個特性是訊息量大、回饋快速，一張吸引人的照片或影片可以在瞬間得到大量的「讚」和轉推「分享」，反之則會消失在演算法的洪流裡。

這樣簡單量化的特性大幅簡化了社會評價的回饋機制，得到一萬個讚的人比得到九千個讚的人更討人喜歡、得到更多認可，但是如果我只有九千個讚，等於我比一萬個讚的人差了十%。

冒牌者經驗的高風險族群

布拉夫塔（Bravata）等人分析過去六十二份學術研究的報告發現：冒牌者經驗可能發生在所有年齡、性別、族群身上[2][3][4][5][6][7]。根據瓦萊麗・楊（Valerie Young）的研究，有些族群是冒牌者經驗的高風險族群：

• 團體中的少數

例如男性主導領域中的女性、資深團隊中的少數資淺成員、少數族裔，因為傾向給自己較高壓力（像是「如果我失敗了，等於承認年輕人終究是年輕人」），再加上身為少數、缺乏榜樣，較容易有「我為什麼會在這裡」的冒牌者經驗。

• 家庭背景

以下幾種類型的家庭背景較易造成冒牌者經驗：

1 有高成就的家長或手足。

2 家長暗示孩子在各方面都比他人優異，孩子承受較大壓力與較高的社會期待。

3家長在孩子成長過程中缺席、施暴或精神虐待、管教過於嚴格，或孩子成長過程中常暴露於恐懼、衝突、高壓環境、需要取悅他人時，孩子因為缺乏精神與情感支持，容易導致低自尊、自我懷疑的冒牌者經驗。

• 學生和社會新鮮人

學生和社會新鮮人因為還在職涯摸索階段，社會資源較少、必須常接觸陌生環境、接收「你現在什麼都還不是」的社會暗示，加上必須證明自己可以在該環境中生存的壓力，容易覺得別人都比較厲害。

• 工作環境

1學術領域（研究員、教授）或創意產業的人（如廣告公司、企劃部門、圖文創作者）因為競爭激烈、有明顯的比較基準（如得到的研究經費金額），加上天分通常被認為是在這些領域中成功的重要因素（想想看跟愛因斯坦當同事的感覺），這些領域中的工作者較容易有冒牌者經驗。

2自雇者、獨立工作者或遠距工作者，因為跟他人實際接觸的機會不多，相對直接取得正面回饋的機會也有限，因此較容易有冒牌者經驗。

3某些企業文化也會助長冒牌者經驗，例如強調競爭、弱肉強食、狼性的文化，容易會讓工作者覺得自己不夠聰明、不夠好、不如別人。

• 生涯或職涯早期就取得成就的人

因為外顯因素（如學術上優異表現、具有某種特殊才能），這類人容易被稱為「天才」，他人的誇獎容易轉為「你會成功是因為你本來就很聰明／天生就有某種能力，跟你的努力或付出沒有關係」的社會暗示。加上隨著競爭程度增加，例如在國中被視為天才的人，進入一流高中之後發現人外有人，容易增加挫折與冒牌者經驗。

先天與後天因素的交叉影響

從神經學的角度來說，管理恐懼、情緒的杏仁核（amygdala）較活躍的人，容易對壓力或外在環境反應較大，因而觸發自我懷疑，容易有冒牌者經驗。掌管決策的前額葉皮質（prefrontal cortex）較活躍的人較容易想太多、產生自我批判傾向與放棄。神經傳導物質

（Neurotransmitters）如多巴胺、血清素失調的人，較容易對自我抱持負面看法[8]。神經科學家泰拉・史華特（Tara Swart）進一步說明：掌管回饋與動機的多巴胺若太低，則較不易認可自己的成就；壓力荷爾蒙「皮質醇」若太高，則容易導致焦慮，害怕被揭穿，這些都是導致自我貶低與冒牌者體驗的生理因素[9]。

和許多心理現象一樣，冒牌者經驗是先天和後天因素交叉影響，並非在單一時間點或由單一因素形成，同樣地，也不會因為在某一天做了某件事就完全不見。冒牌者經驗也可能隨著時間推移、生活經驗改變和環境變化而減輕或加劇。

雖然相關領域仍需要進一步研究，但已經有些神經學學者開始探討用神經學角度改善冒牌者經驗的可能性[10]，例如感到自我懷疑時，是否可以透過運動增加多巴胺來降低冒牌者經驗的發生頻率或強度。

比起「我就是這樣」的固定式思維，了解自己冒牌者經驗的成因，並擬定適當的策略、慢慢調整，是比較健康的面對方式。

我現在還是無法稱自己為作家，別人如果稱我為「老師」，我還是會不自覺地皺起眉頭，或想把臉遮起來。但這樣覺得自己不夠格的我，努力講了二百多場演講，也深信自己的經驗可以幫助到一些人。慢慢來，但開始吧，我們可以的！

再多成功也不會有幫助！冒牌者的內在因素

自己不夠好、能力不夠、就算成功也只是僥倖，這樣的歸因偏差，很有可能讓你困在冒牌者經驗裡出不來。

天啊！連好萊塢巨星都承認自己是冒牌者

電影《阿甘正傳》我看了好幾次，很喜歡那種簡單卻充滿力量的生活哲學；電影《紅粉聯盟》也是我的最愛之一，描寫二次大戰時職棒球員都上戰場時，由一群無畏的女性運動員挺身而起，撐起美國職棒的故事，總是讓我熱血沸騰。這兩部振奮人心的電影有一個共同點：都是湯姆．漢克斯主演。

湯姆・漢克斯是近代最具代表性的演員，也是美國電影學會終身成就獎最年輕的得主。他在勢如破竹連續贏得兩屆奧斯卡金像獎最佳男主角獎之後，坦言覺得：「我是怎麼做到的？他們什麼時候會發現我是冒牌貨，然後把這一切都拿回去？」[1]

「不會吧，湯姆・漢克斯耶，都拿兩次奧斯卡影帝了還想怎樣？」

如果你是這樣想的話，其他你覺得也是絕對人生勝利組的明星，例如：又帥又搞笑、老婆還超正的萊恩・雷諾斯[2]、漫威英雄裡最迷人的反派湯姆・希德斯頓[3]、進了長春藤名校還擔任聯合國大使的艾瑪・華森[4]，都公開表示自己有過冒牌者經驗，覺得：「自己不值得這一切、別人總有一天會看穿自己其實沒這麼厲害，我越努力，越覺得自己不屬於這裡！」

女神卡卡說：「我還是覺得我是高中時那個不受歡迎的小孩，每天起床我都要打起精神告訴自己：『我是個巨星』，這樣我才有辦法度過那一天，才能做到粉絲們希望我做到的事。」

連梅莉・史翠普都說：「會有人想在電影裡看到我嗎？我也不會演戲，我現在在這裡做什麼？」[5]她可是奧斯卡史上被提名最多次的女演員，還被評論家認為是美國史上最偉大的女演員之一啊！

由此可知，正面對決冒牌者經驗，靠的不是讓自己更成功。當然，多些成功紀錄絕對不是壞事，但如果你覺得只要自己成功做到什麼事情，就可以從冒牌者經驗中畢業，可能是想太多了。

看看這一拖拉庫名人，他們個個名利雙收，甚至拿到許多人一輩子連邊都碰不上的榮譽（湯姆．漢克斯和梅莉．史翠普都得到美國平民最高榮譽的總統自由勳章、艾瑪．華森擔任G7性別平等諮詢顧問）。但是，你發現了嗎？他們還是覺得自己是冒牌者！

換句話說，成功經驗的數量和冒牌者經驗並不總是有直接關係。在「為什麼我會這樣？冒牌者的常見原因」（見第四六頁）說明了外在與神經學因素，在這裡會探討幾個和冒牌者經驗相關的內在因素。

低自信、低自尊，讓冒牌者症狀變得嚴重

探究冒牌者經驗時，有兩個重要的內在因素是自信（self-confidence）和自尊（self-esteem）。自信是指「覺得自己可以、做得到的感覺」，而自尊是指「我們怎麼看自己這個人（而非某特定領域），包括覺得自己被接受、被認可、被愛的程度」。

舉例來說，某個人知道自己是音痴，所以對自己的歌唱實力很沒有把握（低自信），但即使如此，他仍然認為自己是個友善、聰明、被需要的人（高自尊）[6]。

以冒牌者經驗來講，低自信和低自尊都有影響。低自信通常限定於某種領域，但低自尊則是一個人對自己整體不滿意、不喜歡、不接受、自我價值低落的狀態[7]。

低自信的人進入冒牌者經驗可能是覺得「我做不到」，即使過去經驗或外在證據都顯示他有足夠的能力，但他可能會覺得那只是運氣好，或是其他人幫忙，而不認為自己可以做得到那件事。

低自尊和冒牌者經驗則有正相關[8][9]，並容易進入循環模式：如果你的自我滿意程度低，就會覺得自己不夠好；當你表現不好的時候，自我滿意程度就更低。但就算是表現好的時候，低自尊的人反而會感受到認知差距，像是「我明明很爛，但為什麼考試出來分數不錯」。這樣的認知差距帶來的不適會讓人們想找理由，例如「一定是因為我走狗屎運／出題老師人太好／剛好考到我會的」。

因為低自尊，你不會覺得這是自己的能力或努力帶來的成就，覺得自己總有一天會被拆穿，這樣又更強化「我果然不夠好」的低自尊狀態，進入冒牌者體驗和低自尊的循環。

就算成功也只是僥倖的「歸因偏差」

另外一個重要內在因素是「歸因」（attribution），簡單來說，就是「你覺得這是誰造成的」。

有人說碰到狀況時，世界上會分為兩種人，一種人會覺得「都是別人的錯」，另外一種是「都是我的錯」。這樣區分或許太過粗暴，但也正好可以說明內部歸因（internal attribution）和外部歸因（external attribution）的概念。

舉例來說，因為要宣傳公司產品，你花了大筆預算，好不容易爭取到機會跟知名網紅合拍一支影片；但影片上架後，宣傳效果不如預期。這時候，如果你覺得「都是網紅和他們團隊的問題，他們不照訪綱、不跟著腳本走，後製時也沒有充分強調產品特性」，這就是屬於外部歸因，認為是外部環境造成事情的結果。

如果你覺得「是我自己的問題，討論腳本時我應該更強調哪些功能，後製階段我也應該要更謹慎地盯場」，那就屬於內部歸因，用內在因素來解釋事情結果[10]。

在社會上工作久了就會知道，人生不會永遠是別人的錯或永遠是自己的錯，有時是內部，有時是外部因素，更多時候是內外部因素共同造成；如果永遠用單一歸因，那就是歸因偏差（attribution bias）。

有些人會有自利性偏誤（self-serving bias），覺得成功的話都是因為我很厲害，而失敗的話都是別人的問題[11]。值得注意的是，冒牌者的歸因偏差剛好相反：事情成功時，他們用外部歸因（都是運氣好、別人在幫我）；事情失敗時，他們用內部歸因（我做不到、我能力不足）。

這種內在的歸因偏差，除了個性、人格特質外，有時也會受外部影響，例如家長長期以外在因素定義孩子的成功，如「你賽跑得第一名，真幸運」，孩子就會容易覺得成功主要是因為外部因素。

簡單來說，如果你容易覺得自己不夠好、能力不夠、就算成功也只是僥倖，這樣的歸因偏差很有可能讓你困在冒牌者經驗裡出不來。

但同樣由這些內在因素造成的冒牌者經驗，每個人的體驗和外顯行為卻都不盡相同——有人是不敢尋求協助、有人則是拚命尋求協助，甚至到處進修、考證照。為什麼這些完全相反的行為都是冒牌者症狀呢？

在接下來的「天才、專家，你是哪一種冒牌者？」，請跟我們一起找出你是哪一種冒牌者，更加了解自己之後，對症下藥。

天才、專家，你是哪一種冒牌者？

「完美主義者」、「超人／神力女超人」、「天才」、「獨行俠」、「專家」，這五種冒牌者，測一下你屬於哪一種。

多元樣貌的冒牌者中，你是哪一型？

不是所有人的冒牌者經驗都類似，瓦萊麗・楊的研究發現：冒牌者經驗會因為不同種類的失敗或壓力，而顯現出不同的樣貌。每個人的能力、對成功的定義不一樣，瓦萊麗・楊把冒牌者區分成五類，這也是目前最普遍的分類。

第六〇～六一頁這個簡短的測驗可以幫助你了解自己的冒牌者經驗是哪一種。如果你有五至十分鐘，請準備好紙筆（或任何可以簡單記錄的東西），用輕鬆、誠實的心情，看看問題描述是否符合你的狀況。

符合的項目，請把該題後面的英文字母圈起來；不符合就繼續下一題。如果你不太確定，請用第一時間的直覺回答即可。這個測驗不是正式診斷工具，只是幫助你了解自己的冒牌者體驗，放輕鬆回答就好。

如果你比較喜歡圖像式的測驗，可以造訪resume.io網站做檢測（編按）。

1. 事情如果要做，就要做到最好。（A）
2. 只要可以做好，我喜歡同時擔任不同角色。（B）
3. 事情如果沒辦法第一次就做好，我就會放棄。（C）
4. 我喜歡事必躬親，不喜歡請別人幫忙。（D）
5. 別人覺得我是某方面的專家，但我不像他們想像的懂那麼多。（E）
6. 我做事一定是全力以赴。（A）
7. 同時做很多不同事情，而且把每件事情都做好，對我來說很重要。（B）
8. 如果我覺得什麼事情很困難，就表示我不擅長那件事。（C）
9. 如果需要別人幫忙，大家就會發現我不擅長那件事。（D）
10. 我需要大量做功課，來了解工作上所有的知識。（E）
11. 犯錯會讓我很不安、焦慮。（A）
12. 大家覺得我很厲害，是因為我可以一次做很多不同的事。（B）
13. 如果需要努力才能做到，表示我不擅長那件事。（C）

14. 只有獨力完成才算成功，有別人幫忙就不算。（D）

15. 別人知道的事情比我多。（E）

16. 我很難完成一件事情後完全放手，總覺得有什麼地方可以做得更好。（A）

17. 人家常說，不知道我是怎麼做到那麼多事情的。（B）

18. 對我來說，成功總是手到擒來。（C）

19. 分配工作給別人很困難，所以我喜歡且習慣自己做。（D）

20. 大家覺得我懂很多，但其實沒有。（E）

21. 如果我成功完成什麼事，表示那件事情不難，大家應該都做得到。（A）

22. 只要生活中某個領域不順利，我就會覺得自己失敗了。（B）

23. 其他人會覺得我是天才，或是很有天分的人。（C）

24. 如果我在沒有他人幫忙的情況下成功完成某件事，我會比較有成就感。（D）

25. 其他人會覺得我有某些才能，但其實沒有。（E）

算算看你圈起來的英文字母各有幾個，最多的就是你的冒牌者類型。如果有兩個類型（或以上）同分，表示你的冒牌者經驗是跨類別的，例如同時是完美主義者和天才。

↓大多數是A，歸類為「完美主義者」（Perfectionist）

↓大多數是B，歸類為「超人／神力女超人」（Superman/Superwoman）

↓大多數是C，歸類為「天才」（Natural Genius）

↓大多數是D，歸類為「獨行俠」（Rugged Individual, Soloist）

↓大多數是E，歸類為「專家」（Expert）

（此測驗與分類的參考資料：[1][2][3][4][5]）

編按：掃描QR code，造訪resume.io網站做「Are you suffering from impostor syndrome?」檢測。

認識自己的冒牌者類型

常覺得自己「應該、總是」要怎樣，或「不能、不應該」怎樣，原因可能不盡相同。找到自己的冒牌者類型，可以幫助你更了解自己，並依此設計不同的策略、做出改變。

完美主義者型冒牌者：「永遠不夠好」

完美主義者是冒牌者最常見的類型之一，完美主義者不一定是冒牌者，但冒牌者和完美主義者常有高度相關。

完美主義者關注的是事情「如何」做完，他們清楚知道自己的目標，對於達到目標有一套高標準程序，從過程、執行方法到結果，一切都有精準的規範，任何不在計畫或規範中的變動或偏差，或事情不如他們預期地進行，都等於失敗。而完美主義者容易將這種預期外的變動解釋為「我能力不足、我不夠好、我是失敗者」。

完美主義者不僅對自己嚴苛，對他人也用同樣的高標準要求。不管事情做得再好，他們都會覺得還有進步的空間；換句話說，完美主義者永遠在追求他們理想中的完美，但那個完美永遠無法到達。

於是，完美主義者會過度注重細節（因為希望事情盡善盡美），傾向拖延或工作過度（因為要確保所有事情都是完美的），甚至會選擇放棄或根本不想開始（因為完美遙不可及）。

那種「永遠不夠好」帶來的自我懷疑、羞愧感，就是冒牌者經驗最常出現的樣子。

超人／神力女超人型冒牌者：「沒有全部成功就是失敗者」

和完美主義者不同，超人／神力女超人不是關注事情的過程和結果，而是關注自己能同時做「多少」事，或成功扮演「多少」角色。

相較於只注重特定面向（如工作、學業）的完美主義者，超人／神力女超人評判自己的方式，是「是否同時擔任多種角色，並且在每種角色都做到最好」。他們要求自己是完美的上司、下屬、父母、子女、伴侶、同事、鄰居、朋友、志工、導師、社團成員、團購主等。

他們重視外在評價，時常需要外界認可，聽到別人說「你怎麼有辦法同時做這麼多事情」時會有成就感。但他們為了同時達到這些目標，總是無法休息，也很難放鬆。

客觀來說，在要求自己同時擔任完美的許多角色時，這個任務就注定失敗了，因為每個人的時間和精力都有限，沒有人可以同時輕鬆寫意地擔任所有角色。

對超人／神力女超人來說，任何一種角色不夠完美，或看起來不夠輕鬆優雅，都會帶來「我不夠好、我是失敗者」的冒牌者經驗。

天才型冒牌者：「需要付出努力就算失敗」

天才型的冒牌者可能在某些領域有取得早期成功，或某種能力上比同儕優秀，他們在乎的是「事情是否一次就成功」。如果沒有一次成功，那就表示不夠好、自己不夠格、是失敗者。

或許一開始事情進行得比較順利（如不用唸太多書就可以取得好成績），所以天才型給自己設定的標準成為「如果我需要努力才能做到某件事，或事情需要修正才能成功，就等於失敗」。

想想這個標準其實非常嚴苛，有誰可以從小到大做所有事情都是一次成功。但在天才型的標準裡，是非黑即白、一翻兩瞪眼的絕對世界，只有輕鬆寫意的成功才叫成功。

完美主義者可以允許自己不斷嘗試以追求完美，但**天才型卻認為只要那件事需要付出努力，就表示自己不夠好**。所以，天才型常拒絕他人幫忙，因為需要幫助或是沒有輕而易舉地完成，就等於失敗。

獨行俠型冒牌者：「向外求援就是失敗者」

獨行俠最在意的是「誰」完成任務，只要事情不是自己完成，就等於失敗。對他們來說，任何形式和程度的向外求援，不管是問問題、尋求協助、爭取資源、找導師或跟人討論等，都是能力不足、軟弱、失敗的表現，只有獨力完成的事情才算成功。

天才型的冒牌者可能是因為覺得「不需要」而拒絕他人幫忙，但**獨行俠拒絕他人幫忙，則是因為他們希望這件事情是「因為自己」而成功，或是害怕他人發現自己的無能。**即使工作量太大、超過自身能力範圍太多，或有其他狀況發生讓事情無法依計畫進行，他們大多選擇咬牙苦撐。在負荷超載的情況下，他們可能過度工作，或因為不想讓事情失敗而拖延或放棄。

專家型冒牌者：「我永遠不夠專業」

專家型的冒牌者堅持自己需要掌握一切資訊，他們在意是自己知道「什麼」和知道「多少」。這類型通常都是某個領域中已經有一定經驗或成就的人，但他們永遠覺得自己懂得不夠。

他們對自己的要求是知道專業內的所有知識，一種問不倒的人肉ChatGPT狀態。如果別人問一件事情，他們不知道正確答案，就會解釋為是自己能力或學識不足而感到羞愧與失敗。

專家型外顯的表現是對知識（特別是專業領域相關知識）非常渴求，他們會不斷進修、學習、考證照，但背後的驅動力來自自己覺得不夠格、怕被拆穿。

專家型的冒牌者**永遠覺得自己知道得不夠，在面對新挑戰時也容易抱持較保守的態度，容易覺得自己還沒準備好或不夠格。**

我是「獨行俠」和「專家」，你呢？

知道自己的冒牌者類型之後，本書中還會有一些針對不同類型的討論，你可以隨時回來參考自己的類型。

至於我是什麼類型？我在「獨行俠」和「專家」都幾乎拿了滿分，我算完分數的時候不禁一陣苦笑。

我天生就是很怕麻煩人的內向者，就算跟同事問個問題也會猶豫再三，深怕打擾到人家，或讓對方覺得煩；同時我也是高敏感特質的人，別人的一點反應就會讓我再三自我反省，覺得是不是自己哪裡做得不夠好、可以幫忙的不夠多。

只是，難道內向者注定要成為冒牌者？還是我是女生的關係？或者，就算我是冒牌者，有什麼不對嗎？我不也是這樣才走到今天，以後這樣繼續也沒問題啊！性別、冒牌者的諸多迷思，接下來會說明。

編按：除了前述五種類型之外，伊麗莎白・卡多赫（Elisabeth Cadoche）、安娜・德蒙塔爾洛（Anne De Montarlot）在《給總是認為自己不夠好的妳》一書中，補充了兩種類型：1奉獻者：因為害怕他人失望而總是強調自我犧牲、順應他人的女性，他們傾向留在幕後或把自己放在最後；2虛假自信者：外表展現高度自信來掩蓋自我懷疑與自信不足的女性，只有在得到高度讚美時才會對自己滿意[1]。由於他們的論點僅針對女性，因此本書中仍以最廣泛使用，且性別不拘的五個類型為主。

我就這樣不行嗎？關於冒牌者的迷思

冒牌者經驗可以發生在任何性別、性格特質、社經地位的人身上，對每個人的影響也都不同。而冒牌者有幾個廣泛的迷思，讓我們誤解或忽視了冒牌者經驗的影響。

冒牌者就在你我身邊

我之前的美國主管，是在我們不再是同事、變成好友多年之後才提起自己的冒牌者經驗，還是我主動問他、他才講的。

「我們是好朋友不是嗎，你這麼辛苦怎麼不跟我講？」我問他。「冒牌者就是怕被拆穿啊，怎麼可能跟任何人講。」他說。這樣聽起來也很有道理，就已經很用力地演了，當然不可能自己承認：「我都是演的！」

如果真要用程度來比，承認自己是內向者、完美主義者或是潔癖，可能都還比較容易一點。

但不說並不代表沒有，學者哈維（Harvey）的研究指出：**「如果不將自己的成功內化，誰都容易將自己看成冒牌者。這種經驗並不局限於非常成功的人。」**[1]

冒牌者經驗可以發生在任何性別、性格特質、社經地位的人身上，對每個人的影響也都不同。冒牌者有幾個廣泛的迷思，會讓我們誤解冒牌者經驗或忽視冒牌者經驗對人們的影響。

迷思一：冒牌者經驗以女性居多

有個一般常見的迷思，認為女性較男性容易有冒牌者經驗。這種迷思不令人意外，畢竟冒牌者經驗的第一篇研究，在一九七八年由實證心理學家寶琳．克蘭斯（Pauline R. Clance）與蘇珊．因墨斯（Suzanne A. Imes）發表的論文「高成就女性的冒牌者現象」[2]，就是針對女性為研究對象。

事實上，這篇研究就指出，冒牌者經驗並非女性獨有。一九八七年，寶琳・克蘭斯和奧圖（O'Toole）的研究已經進一步證實：高成就男性一樣為冒牌者經驗所困擾；即使外人眼中看起來他們是人生勝利組，他們仍然自我懷疑，相信一切成就都是來自機運[3]。

隨著研究數量增加，許多研究已經證實冒牌者經驗和性別並無太大關係[4]，雖然經歷可能不盡相同（如男性比較容易覺得自己是冒牌貨，女性則較常經歷自我懷疑與覺得能力不足[5]），但男性和女性都同樣受到冒牌者經驗困擾[6][7]。

瓦萊麗・楊也直書，在自己多年冒牌者工作坊經驗的觀察中，男女比例是一半一半[8]。如果你覺得談論冒牌者經驗仍然是女性占多數，瓊・哈維博士（Dr. Joan Harvey）解釋道：「男性較常接受這個事實、與之共存，而女性會想要改變現狀。」

社會心理學家艾美・柯蒂（Amy Cuddy）在發表知名TED演說「姿勢決定你是誰」（Your Body Language May Shape Who You Are）後，接到無數關於冒牌者經驗的聽眾回饋。她沒想到的是，其中有一半是男性！另外一次，她做了大規模問卷，發現當受測者需要記名時，表示有過冒牌者經驗的女性多於男性；但如果用不記名的方式進行，則男女各半。

她的結論是：男性傾向不跟外界分享這類經驗，由於刻板印象、社會期待帶來的羞愧感，男性大多默默承受、帶著這種感覺辛苦地活著[9]。

真要比較的話，或許有冒牌者經驗的男性更加辛苦。在社會價值的框架下，男性同樣背負許多因性別角色帶來的壓力，這些壓力卻比較不容易在現今的社會中被察覺與同理。

舉例來說，作為性騷擾、性侵害對象、家暴受害者，或申請育嬰假希望照顧家庭的情境下，比起女性，男性都比較不容易被社會理解或同理。

這本書書寫的過程中，我訪問了許多男性，其中有企業家、高階主管、政治家、職業運動員等。在彼此高度信任的狀況下，我驚訝地發現，**這些看似充滿男性陽剛氣息的領域、高度重視競爭才能脫穎而出的職位，其實讓他們和冒牌者經驗對抗的過程更加辛苦。**即使承受這麼多恐懼與不安，但他們大多數選擇「像個男人一樣」獨自奮鬥，因為「其他人都不會這樣」。

迷思二：就是因為覺得自己不夠好，我才會成功

有一次陶子（陶晶瑩）分享她懷孕過程中出現妊娠糖尿病的狀況，當時醫生告知小孩有畸形的可能，她和先生聽到之後在醫院外面邊走邊哭。後來因為良好的控制，生產時母

子均安。

事後陶子轉換心態，覺得這是塞翁失馬：雖然是不好的狀況（妊娠糖尿病），但也因此讓她知道自己有這方面的風險，以後就可以多注意，這個病是孩子帶來的禮物。

冒牌者經驗或許就像妊娠糖尿病，是一個很好的提醒；但長期來說，你不會想、也不需要跟它長相廝守一輩子。許多人會覺得冒牌者經驗沒什麼不好，甚至覺得「我就是因為這樣，才有辦法做到今天的一切」。

冒牌者經驗短期內的確會帶來一些表面上的好處：讓你工作更努力、比其他人投入、就算成就再高也維持低調謙遜，並總是腳踏實地努力學習、不斷充實自己。

但終歸到底，你的努力、投入、謙遜，都是出於不安、恐懼，或是自信低落。帶著冒牌者經驗在職場上奮鬥的你，就像大草原上的羚羊：眼觀四面、耳聽八方，一有風吹草動就全速衝刺、逃跑躲避獅子老虎的追趕，逃過之後還自我安慰：「就是因為整天擔心害怕，我才會聽力這麼好，才能跑得這麼快。」

職場上不是非洲大草原，就像《冒牌者症候群》的作者潔薩米．希伯德在書中強調的「**你不用這樣對待自己，也可以過很好。讓你腳踏實地工作的不是冒牌者症候群，而是你，你本來就是這樣的人**」。

我知道的一位教授，即使已經在該領域頂尖的地位，還是無止盡地追求完美，所有論文、申請書都是改到最後一刻才寄出去。他身邊所有同事、團隊成員都提醒他，這樣不僅意義不大（都是在改極其細節之處），而且增加風險（如果最後一刻網路或系統有問題，會直接錯過時限）。但他認為至今的成功都是來自對自身的苛求，不想戒掉這個習慣。

把自己的成就和冒牌者經驗連結，就像把自己的健康歸因於妊娠糖尿病（或其他任何疾病）一樣不合理，你不會說：「我今天之所以這麼健康，都是因為代謝症候群／胃潰瘍／長期頭痛／失眠吧？」這些病症會讓你注重養生，但不會讓你變成健康的人，你的終極目標是要從這些疾病中畢業。

同樣地，冒牌者經驗會讓你努力工作，但不會讓你變成容光煥發的工作者。更有研究顯示，冒牌者經驗和憂鬱症、焦慮相關[10][11][12][13]，你或許不會想要這樣的「副作用」。

好好想想你為什麼對冒牌者經驗依依不捨，或覺得冒牌者經驗才是你成功的基石，建議你最好找到離開的方法。記住，**終極目標是畢業、至少是降低冒牌者程度，你追求的應該是平衡、具有正確自我認知、肯定自我價值的道路**[14]，不是成為一個「這樣也很好啊」的萬年留級生。

迷思三：成功＝吃苦，吃苦才會成功

「No pain no gain.」（沒有痛苦，就沒有收穫）、「不經一番寒徹骨，哪得梅花撲鼻香！」是我們從小就印在腦裡的觀念。這些話的用意是勉勵我們撐過黎明前的黑暗、上場前的苦練、得分前的低迷，我也聽過奧運金牌運動員說：「Pain is weakness leaving your body.」（痛苦是軟弱離開身體的象徵）。

但在冒牌者經驗的人身上，這些話的精神有了質變，勉勵的本質被轉譯為「成功一定要吃苦」、「不自我批評就會驕矜自大」、「沒有痛苦的過程就不會有甜美的結果」。

我想到夏季甲子園，這是日本高中最高層級的棒球比賽之一，超過三千支球隊，從地區預賽開始就是單淘汰賽制，只要輸一場就要回家；換句話說，得到冠軍的只有一種方法，就是從頭贏到底。

因為這樣艱難的程度，幾乎所有學校的棒球隊球員都像我們印象中的那樣，剃著平頭、廢寢忘食地進行艱苦訓練，只為了可以前進甲子園，或不留下遺憾。

但二〇二三年的冠軍慶應義塾，卻長得不太一樣。他們沒有髮禁、不體罰、沒有嚴格的學長學弟制、每天只一起訓練兩小時；甚至，從九〇年代開始，慶應義塾的哲學就是

「快樂打球」，這在日本高中棒球幾乎是顛覆的概念。

傳統的日本高中棒球，大概可以從魏德聖導演的電影《KANO》中略窺一二：注重高壓式權威、強調技術和肉體上的磨練與超越精神極限的鍛鍊，在追求卓越的過程中，追求勇猛果敢、一球入魂，帶著類似武士道的高度嚴格與堅忍。

但是，慶應義塾的總教練森林貴彥要大家：「enjoy baseball！」（享受棒球），認為要喜歡才會進步。他給學生們相當大的自主權，鼓勵選手思考、嘗試，用頭腦思考精進的方法。就這樣，即使沒有高壓訓練、沒有那些傳統中「冠軍的樣子」，他們在高度自主的狀況下，拿下了甲子園冠軍。

這種訓練方式，也漸漸地被日本職業棒球接受，羅德、歐力士等職棒球團，現在也走向減少團練時間、把更多訓練的自主權交給選手的作法[15]。

焦點移到美國，同樣在養成階段的小聯盟體系，注重的也是思考與效率。一位小聯盟教練跟我說：與其做長時間打擊練習，他認為要求選手用正確的方式擊出二十球，讓選手用身體好好記得擊球方式，反而更有效率。

你可能會想：能在甲子園拿冠軍或是進入美國職棒體系，在天賦、資源都已經是人上之人，或許不一定可以作為每個人的參考吧？

我希望你看到的是，即使沒有精神上的折磨和痛苦的訓練，還是有辦法在某方面取得成功，甚至更可以享受工作（如打棒球）。同樣地，**如何對待自己，也是你可以選擇的。**玉不琢不成器，但你可以決定琢的方法。

面對挑戰、面對漫長的職業生涯和人生，你想用什麼方式對待自己呢？

內向者比較容易變成冒牌者嗎？

「我是內向者、跟別人不一樣，所以我終身都會受冒牌者經驗所苦。」、「我本來就是完美主義者，會有冒牌者經驗也是正常的。」這種想法過於以偏概全，也全然限制自己的可能性。

總是想要變「正常」的內向者

從小我就是個安靜的人，不惹麻煩，但也不太跟人打交道，總是靜靜地在旁邊觀察。我不喜歡生日派對，在人多吵雜的地方會很累，最放鬆的就是窩在家中角落的閱讀時刻。

長大後，我才知道這叫內向，在ＭＢＴＩ職業性向測驗裡（詳見我的第一本著作《安靜是種超能力》第一八頁），我的內向指數高達九十％，有幾次測出來甚至是九十八％。回想起來，身為內向者，我從小就在接受某種「你這樣不太好」的社會暗示。

這些暗示可能是不熟的親戚說：「這個小孩好安靜，是不是沒什麼朋友？」也可能是公園裡的陌生人：「哎呦，來這邊就是要一起玩啊，你怎麼自己坐在這裡看書？」或是主管說：「去換名片啊，你不跟人講話是怎麼做生意！」

為了讓自己表現得「正常」一點，我把這些期待一一記起來：我要常常跟朋友在一起才正常、要跟人家一起玩才正常、要在社交場合滿場飛舞才正常……。

如果我的大腦是一本筆記本，大概前五十頁都是寫滿這種讓自己看起來正常的守則，我試著演成社會期望我的樣子。你或許也注意到了，這聽起來完全是冒牌者經驗的直達車，如果有冒牌者症狀賓果的話，我應該可以瞬間集滿十條線。

舉例來說，我確診新冠肺炎時，每天睜開眼，頭痛到就像快爆炸一樣、咳到像肺快咳出來，體力更是差到在房間裡走三步就會喘。

但我跟日本團隊說：「把我當源田壯亮（在世界棒球經典賽WBC時，小指骨折仍帶傷打完冠軍戰的選手），現在就是我的WBC，我可以的！」編輯給我一個哭臉，說：「骨折了就休息啦！」

我當然知道自己可以休息，也沒有人會怪我，但我怕做不好會害大家的辛苦白費，我怕錯過某些機會就再也不會有第二次，我怕我不夠努力導致他們不想跟我合作……。

內向者和冒牌者高度相似的特質

我心中的這些「我怕」，讓我覺得應該表現出某種樣子。但我也知道，當我一心一意演成某種樣子的時候，也就是我知道這不是我自己、總有一天會被拆穿的時候。

如果是這樣的話，會不會其實內向者都有類似的經驗；或者，有沒有可能某種個性特質的人更容易冒牌者上身？

根據研究，世界上大約有三十%～五十%的人口是內向者[1][2]，如果冒牌者經驗的人約占七十%，那麼兩者勢必有相當程度的重疊。只是，這樣的重疊性有多高？跟外向者比起來又如何？

雖然缺乏正式數據，但有些特質確實是內向者和冒牌者高度相似的地方。

●特質一：高度內省

比起想到什麼說什麼的外向者，內向者傾向先在心裡想過一遍（好吧，可能是五遍）再說出來。這種含蓄、內化一切的性格傾向，容易讓內向者較不擅長，或不喜歡向外表達或尋求協助（獨行俠型冒牌者）。

事情如果順利就算了，如果事情碰到困難或結果不好的時候，別人如果說：「你怎麼不早點講，現在事情無法收拾了才說。」內向者更會覺得「果然我就是做不到！」頻繁、高強度的內省也會讓內向者放大自己的缺點或不足，容易想太多、自我懷疑，進入冒牌者經驗。

●特質二：自我監控、自我批判

自我監控指個人在社會情境中表達自己的態度時，傾向於約束自己的行為，盡量使自己的言語或行動符合別人的期待[3]。

內向者為了變「正常」，通常有自我監控傾向，容易把自己跟別人比較，透過經常性地檢討自己的言語、行為、表現，覺得要達到某種外界的標準，或符合某種社會期待才能安心。

內向者通常也有自我批判傾向，容易用高標準檢討自己的行為與表現，並擔心外界的看法[4]。如果事情不順利，比起跟別人檢討或一起尋求解決方法，內向者也容易內化一切，覺得「都是我的錯」。

這種高度自我監控和自我批判的性格特質，容易造成冒牌者經驗。

• 特質三：高度同理心

內向者通常有高度同理心[5]，這表示他們對他人的一切較敏感，好處是比較會為他人設身處地著想，但也容易讓他們放大別人的優點、成就，而自覺不如。

有高度同理心的人也較容易吸收他人負面情緒，當周遭的人經歷自我懷疑、不安全感或進入冒牌者經驗時，有高度同理心的內向者也可能吸收這些情緒，而經歷程度不一的負面情緒[6]。

• 特質四：躲避成就或成為焦點

內向者通常不太喜歡大家的目光在自己身上，就算是達成某種成就或被鼓勵時，他們不喜歡成為焦點，也傾向不自我推銷或吹噓這些成就[7]。

這樣的性格傾向可能讓他們將成就歸於外在因素，或覺得自己不適任，例如「都是因為團隊幫忙才有辦法成功」、「這次只是運氣好」。

在某些需要自我推銷或爭取的情境下，例如面試時被問：「你為什麼覺得自己是最適合這個職位的人」，或業務開發時被問到：「我為什麼要聽你的，說服我」時，內向者就很容易有冒牌者經驗。

• 特質五：注重深度而非廣度

內向者在交友上重質不重量、知識領域上也是注重深度而非廣度（喜歡就少數主題進行深度研究和討論，而非什麼事情都可以膚淺地談一點）[8]。

這樣的特質讓他們獲得外在肯定的機會較有限，就算每個朋友都覺得他很厲害，因為朋友只有五個人，所以還是無法得到大量的正面評價。或是因為在社交場合中無法對每個話題都侃侃而談，容易覺得「我在這裡做什麼」而進入冒牌者體驗。

除了內向特質之外，有些個性特質也比較容易有冒牌者經驗，包括高敏感族群（highly-sensitive people）[9]、完美主義傾向者、自戀傾向者、焦慮傾向者[10]。雖然有研究證明，但這些都不代表絕對。

每個人都是獨特的個體，有著不同的生活經驗和生命歷程，「我一輩子是內向者，所以我終身都會受冒牌者經驗所苦。」、「我本來就是完美主義者，會有冒牌者經驗也是正常的。」這種想法不只過於以偏概全，也全然限制了自己的可能性。

冒牌者如何影響工作表現和職涯發展？

家人、親戚、朋友可能對你的期望各有不同，但職場的要求很明確——你就是來貢獻的；如果沒辦法做出貢獻，大家對你的耐心也有限。

沒辦法做其他事的職場勝利組

冒牌者經驗可能發生在生活上的各個面向，譬如「冒牌父母」（覺得自己不是好父母，別人看到的都是假象）、「冒牌好人」（總覺得自己要對別人好、幫助別人，不然就是冒牌貨）、「萬人迷冒牌者」（覺得在別人眼中自己或許看起來朋友很多，但其實只是誤會）、「美滿人生冒牌者」（別人看起來自己生活一帆風順，但完全不是）[1]。

我們聚焦在職場上的冒牌者經驗，因為其他面向的彈性比較大，譬如家人或許比較有講話（或不講話）的空間、朋友就算一陣子比較疏遠也可以有調整的可能，但職場是戰場，是日復一日都必須提槍上陣的地方。

家人、親戚、朋友可能對你的期望各有不同，但職場的要求很明確——你就是來貢獻的；如果沒辦法做出貢獻，大家對你的耐心也有限。

我有一個很喜歡的合作夥伴，對我來說，他是「專業」的代名詞；事情不用到他手上，他就已經知道怎麼做，甚至已經做好了。

他態度溫和，像藝術家一樣悠遊地掌握所有事情的節奏，總是精準判斷，從來沒有出過錯。雖然來自不同國家，但我們在工作上總是像雙打夥伴一樣合作無間；甚至我很確定，如果沒有他，專案呈現出來的結果一定會大打折扣。

因為這樣的關係，我們建立深厚的信任，話題也慢慢從公事延伸到私人領域。「你喜歡你的工作嗎？」有一次我這樣問。沒有其他意思，我只是好奇他可以把工作做到這麼極致地盡善盡美，是要投注多少熱情。

「喜歡吧……事實上，我也沒有辦法做其他工作了。」他回答的時候聲音有點低。

這不是第一次我從某領域中的菁英人士口中聽到這種答案了，從金融界高階主管、得獎無數的創作者、職業運動員，到經驗老道的職場顧問，這樣的話語我聽過無數次，但每次感受的震撼總是有增無減。

明明是這麼耀眼的人、做著這麼光芒萬丈的事，為什麼會把自己講得好像別無選擇？對我來說，這根本就像大谷翔平跟我說：「我之所以繼續打棒球，是因為我不太會用Excel！」一樣。

這些人在各自的產業中都是大谷翔平啊，你們為什麼要要求自己精通Excel！我幾乎想朝著天空吶喊或用力搖晃他們的肩膀，我多麼希望他們能看到自己那種帥氣改變世界的樣子。

相較之下，有另外一群國籍、性別、年紀、資歷都類似的人，總是在開創不同的可能性。不管是嘗試新的領域、找新的合作對象、做新的事情，他們總是眼睛閃閃發亮地談著最近感興趣的事。我也幾乎沒有從他們嘴巴裡聽過「我也做不了其他事」的說法。

當然，新領域代表風險、代表失敗的可能性，而且他們真的也滿常翻船的。面對失敗，他們比較常說：「原來是這樣，那我下次就知道了！」然後就繼續下一個挑戰。

冒牌者兩大特徵

上述兩類人根本的差別在哪裡呢？個性、過去經驗、社會資本、對風險承受的程度？這些當然都有可能，不過有個你沒想到的，對，「冒牌者症候群」。

如果你在職場上已經是不可或缺的王牌，或已經到了職涯後段什麼都不求的境界就算了，但如果你還在職場上奮鬥、希望向上晉升、建立影響力，你覺得老闆或客戶會比較喜歡哪種人？

就算撇開老闆或客戶的偏好，研究顯示，冒牌者經驗會限制職涯發展[2][3][4]，對工作表現和職涯發展帶來負面影響[5]：

• 特徵一：總是過勞到犧牲自己

根據米瑞安．阿克巴爾（Miriam Akbar）和福夏．西里歐斯（Fuschia M. Sirois）的研究，冒牌者經驗和過勞〔過度工作（overworking）〕有高度正相關。因為覺得自己是冒牌貨，有冒牌者經驗的人們會花更多時間、精力，只為了要「趕上其他人」。

他們會犧牲休息時間，甚至犧牲其他人際關係，只為了在特定領域不要失敗，如犧牲和家人相處的時間而去加班，覺得只有這樣才能繼續在職場上生存。他們害怕打破這個循環，覺得會因此失去工作上的成就與地位[6]。

但這樣長期下來，容易產生倦怠。根據世界衛生組織（World Health Organization）的定義，倦怠（burnout）是一種工作上長期壓力導致的職業現象，其主要症狀包括：感覺精疲力盡、與工作產生心理上的抗拒或距離（對工作不抱希望、不在乎或有負面感覺）、專業效能低落等[7]。

如果你想檢測自己是否有倦怠，「工作倦怠量表」（Maslach Burnout Inventory）是最普遍的測驗，網路上可做付費測試（個人自用版是美金二十元，以英文施測，測試時間約二十分鐘），也有針對醫療人員、學生等不同分類[8]。

• 特徵二：常逃避、拖延被誤解為故意不努力

加拿大《HR Reporter》雜誌針對二千五百位職場工作者調查發現，六十三％受訪者表示冒牌者經驗會讓他們在工作上拖延、效率變差[9]。面對壓力或挑戰時，逃避是人類原始反應之一。

除了逃避之外，在某些存在高標準、而且害怕失敗的狀況下，我們反而會故意不努

力，先為自己找好充分理由或藉口[10]。心理學上，這種逃避行為稱為「自我設限」（self-handicapping），像是「我這次沒唸書，所以會考不好」、「這個專案天生體質不好，就算努力也不會有好業績，乾脆算了」。其實，這只是一種自我保護機制；話說到底，我們害怕的是「如果我盡了全力還是失敗，這就顯得我真的不行」。

另一種則是拖延，在草稿匣裡面的郵件，總是不到可以寄出去的程度；某通該打的電話，總是找不到適當的撥出時機，就這樣一直拖著；該跟同事溝通清楚的事，不知道怎麼開口比較好，想想還是算了。或許我們會用「我就是完美主義」來說服自己——想要措辭完美的郵件、想要在最容易說服人的時機打電話、想要跟同事來次完美的大和解，但拖延到最後的結果，只會讓對方感覺你消極、不重視、不在乎，甚至跟你的初衷完全相反的，讓人家覺得你沒有能力。

職場上，我們都知道時效性的重要，各種原因的逃避和拖延都不會有正面影響。

冒牌者對團隊常見的負面影響

研究顯示，因為自我懷疑和害怕失敗，有冒牌者經驗的人較不會規劃自己的職涯；在規劃職涯或面對新機會時，也較容易選擇維持現狀[11]：抗拒晉升、避免擔任管理職、傾向只接觸熟悉的工作任務、選擇避免新領域等。碰到困難時，則偏向選擇自己解決、不對外求助，並傾向使用過去經驗而非創新方式解決問題。

如果團隊中有冒牌者經驗的成員，短期或表面上可能風平浪靜，畢竟這也不是這麼容易發現的症狀，甚至有主管會覺得這些同事比其他人更努力，是模範員工的類型。但長期下來，冒牌者經驗對主管、團隊其實都有負面影響。

冒牌者經驗除了在個人層面外，對組織也會帶來許多負面影響。

● 影響一：掩飾、隱瞞導致團隊付出更多代價來救火

因為覺得自己不如人、不夠格，冒牌者們經常會掩飾自己真正的想法、隱藏自身的能力或隱瞞某些狀況，只為了不要讓自己出醜（維護自身特定形象）、不要被賦予具挑戰性的目標，或被發現某件事其實進行得沒有想像中順利[12]。

根據利特森（C. M. Litson）等人的研究顯示，冒牌者經驗和害怕他人評價有高度相關，也就是說，有冒牌者經驗的人，通常會對他人看法持高度顧慮。這種高度顧慮的具體表現可能是：不敢問問題、其他人說什麼都同意，或在會議中只贊同別人的意見而不提出

自己的想法。

對組織而言，不發表自己意見與看法的成員容易被認為沒有貢獻，若大家都總是「沒意見，我都可以」，也會影響團隊中創新、合作、有建設性討論的可能性[13]。此外，掩飾事情的真實狀況也只會讓主管的應變時間大幅縮短，或讓團隊必須付出更多的代價來救火，不會是組織樂見的情況。

●影響二：對自己工作滿意度低、主管難以激勵

根據研究，有冒牌者經驗的人對工作較缺乏內在動機、工作滿意度較低，且無法享受工作。因此，他們對外部認同有強烈的渴望與高度依賴。

舉例來說，他們比較不容易因為一件工作圓滿達成而產生成就感，也不會因此對自己的能力產生認同或增加工作動力，他們需要的是來自他人的正面激勵，如表揚、正面評價、獎金等。如果沒有了外部激勵，他們的動力就會有所削弱[14]。

對管理者來說，這種工作滿意度和動力都偏低的同仁，無疑是雞肋或未爆彈，他們難以被激勵、成長空間有限，還可能在某次事件中因為得不到想像中的外在激勵而選擇離職，增加聘僱成本。

●影響三：低估自己而傾向訂定消極目標

根據麗莎・里高特（Lisa A. Legault）和羅蕊・因茲里特（Lori M. Inzlicht）在二〇一三年的研究，冒牌者經驗的人傾向設定較消極、低於自己能力的目標，因為這樣可以避免失敗、被批評、或被「拆穿」自己能力不足[15]。在訂目標時，他們的出發點大多是不要搞砸、不要讓自己丟臉，而不是積極地嘗試、挑戰新目標，或讓自己和團隊成長。

這對組織整體來說並非好事，如果只是越走越小步，甚至原地踏步，無疑限制了團隊成長、面對挑戰的可能，離目標達成的那天也會越來越遠。若組織無法晉升能力與經驗都合適的人才，對團隊成長也是一大限制。

整體來說，冒牌者經驗對個人和對組織都不算是件好事，但冒牌者經驗也絕對不是一時半刻就可以解決的狀況。接下來，我們會從各個層面建立一套系統，幫助你走出冒牌者經驗。

Part 2

正面迎戰冒牌者的心法

蜜雪兒．歐巴馬有一次對英國伊麗莎白．加勒特．安德森中學（Elizabeth Garrett Anderson School）的學生演講時說道：

「我夠好嗎？這個問題在我腦中陰魂不散、揮之不去，因為那是從我們童年傳來的訊息：你可能不夠好，目標不要訂太高、不要表達太多意見。」

「但我跟你們說個祕密：你想得到的權力中心，我幾乎都去過──我在非營利組織、基金會、企業都工作過，我當過大企業的董事，我參加過全球高峰會，我也在聯合國會議上討論事情……，那些人沒有那麼聰明（笑）。」

「那些人沒有那麼聰明」這句話，把我笑炸了。冒牌者經驗出現時，或許我們都需要這種精神勝利法的加持，而這些方法，是可以從內在開始鍛鍊的。

接下來，看看可以怎麼練習吧！

告別冒牌者心態：你不是個錯誤，永遠不是！

對抗冒牌者經驗，要從心裡開始。這或許是一段漫長的練習過程，或許會辛苦而充滿糾結，或許無法一蹴可幾；但我相信，所有冒牌者的想法，都有解決方法。

鞭打自己的陽光主管

寫這篇文章的時候，我的前主管剛好從美國打電話給我。這位前主管是又高又壯、全身充滿陽光氣息的美國人，我在他身邊總是顯得非常單薄，但我從來沒有從他身上感到一絲壓迫感；相反地，他總是給我源源不斷的鼓勵。

「妳週末在做什麼？」他問，「我在寫書，我想寫一本有關冒牌者經驗的書。」我說。

「天啊，Jill，這個題目太讚了！絕對可以幫助到很多人！」他維持一貫的美式浮誇鼓勵風格。

「是這樣嗎？」畢竟我從來沒聽過身邊有什麼人講過自己有冒牌者經驗。

「想聽聽看我的理論嗎？」他娓娓說道：「我覺得除了非常聰明和很笨的人，前者知道自己不管怎樣就是比別人厲害，後者是完全不知道自己有多不厲害，其他在中間的人，應該大部分的人都有過冒牌者經驗。我就是啊，我從學生時代就覺得自己是個冒牌者。」

這個理論聽起來滿有道理的，但更讓我驚訝的是他竟然說自己一直都是冒牌者!?

這個主管本來在美國當財務顧問，後來周遊列國，在韓國、越南工作過，甚至還去蒙古當了一年志工，最後進入國際非營利組織上班。他有美滿的家庭；而且不管走到哪裡，他總能用讓我欽羨無比的速度交到朋友。

重點是：沒有人不喜歡他！連N年前在辦公室短暫度過幾週的暑期實習生，都還跟他保持聯絡。這麼受歡迎的人，我不懂他是要冒牌者什麼。

追問之下，他分享了很明確的經驗：「從中學開始，我就一直自問：『我屬於這裡嗎？』到職場上更是，我總是追求外在認可，我會一直努力到被升遷了，才會覺得原本那個工作做得不錯。但問題是，升遷就表示另一個新的職位開始，我又開始覺得自己不夠好了。」

「如果在一個位置上久了、工作熟悉後，狀況會改善嗎？」我問他。「時間久了，工作當然會比較上手，但同時我又會開始想：過了這麼久還在做同樣的工作、沒有升遷，一定是我哪裡出了問題或沒做好。」

我聽到時真的太驚訝了，不敢相信這麼陽光友善、充滿正能量、散播愛與希望的人，竟然這樣一直鞭打自己。

對抗冒牌者經驗，要從心裡開始。這或許是一段漫長的練習過程，或許會辛苦而充滿糾結，或許無法一蹴可幾；但我相信，所有冒牌者的想法，都有解決方法。

不再追求完美，持續進步就有無限可能

最近走到哪裡都常聽到BLACKPINK的歌，這個引發高度關注的現象級韓國流行音樂團體裡，我第一個認識的是來自泰國的Lisa。她表演第一分鐘就讓人驚艷無比，我常驚訝經紀公司YG Entertainment怎麼有辦法沙裡淘金，找到這麼完美的歌手？

她長得像芭比娃娃、身材纖細高䠷、唱歌好聽、RAP超強、舞蹈更是老師等級，重點是還有超級正能量的樂觀個性，根本就是太陽般的女神。

有一次我看到她到中國擔任選秀節目的訓練老師，才看到她是怎麼自我要求的。在訓練學員舞蹈時，她連手指的動作都徹底要求精準，即使學員們身高、柔軟度都不一樣，她也要求大家下腰時高度要完全一致。

「當練習生的時候，我常是負責編舞的，所以我會很在意。」Lisa對學員說：「我知道很難，但妳們如果做到的話，看起來會超讚的！」

她說的不是：「如果做不到，妳們就不夠好！」這就是高標準和完美主義的不同之處，高標準的人容許自己和別人犯錯、從錯誤中學習、給自己時間和空間進步；而完美主義者會因為犯錯或無法達成目標而自我批評、覺得自己永遠不夠好[1]。

美國創業家瑪莉・佛萊奧（Marie Forleo）在她的著作《凡事皆有出路》中寫到：高標準是健康的，但完美主義的核心是害怕——害怕失敗、害怕犯錯、害怕被批評或嘲笑、害怕出糗、害怕你就是不夠好；你甚至會因此放棄或裹足不前。最好的心法，就是**「只求進步，不求完美」**。

跟成長型心態一樣，容許自己犯錯、容許自己花久一點時間、多試幾次，看的是每次向前進了多少，而不是還沒達到什麼[2]。

我知道一位在學術界頗富盛名的教授，他總是主動跟學生說：「沒關係，我沒有要你第一次就交出完美的論文。」他在美國名校任教，我問他為什麼要刻意提醒這些絕頂聰明的學生，「我以前也都會想要做到自己的極限再給人家看，但相信我，要求完美只會讓你沒辦法交出任何東西。」他笑著說。

他的學生們也說，教授的這兩句話讓他們從某種牢籠中解脫，反而在修改、改進的過程中進步許多，並打開自己不同的可能性。說到底，**完美或許只是一種幻覺**。

當然，在某些限定的環境裡，完美的確存在，例如數學裡的完美數（perfect numbers，指所有真因數的和等於本身的數字，像是6=1+2+3）、完美平方數（perfect squares，指一個整數乘以自己的數字，像是3×3=9），或棒球裡的完全比賽（perfect game，指一場所有打者都不能安全上到一壘的比賽）。

但即使是在這些限制裡，完美仍然很罕見。以棒球來說，大約每進行一萬五千場的大聯盟比賽，才會出現一場完全比賽。平凡人如我們，如果費盡心思在追求這種遙不可及、接近哲學或神學領域的概念，或許有點不太實際。

美國職場上常用一個詞「work-in-progress document」（未完成、隨時可更新的文件），不管是文件、作品或其他事情，如果用比較彈性的心態，把重點放在比上個版本、比上次的自己更好，事情或許就簡單多了。

一切都是運氣 VS 運氣是一種實力

冒牌者常把成就歸為運氣，一種虛無飄渺的外在因素。面試通過，是因為運氣好，主管剛好問到會回答的問題；某個產品賣得很好，是因為客戶剛好買單；得到某個獎項，是因為評審剛好喜歡。但說真的，運氣真的有辦法達成這麼多事情嗎？或者，看似碰巧運氣好的我們，是不是也做了某些對的事？

麥當勞創辦人雷．克洛克（Ray Kroc）說：「幸運是汗水的紅利。你越努力，就會越幸運！」（Luck is a dividend of sweat. The more you sweat, the luckier you get!）[3]大谷翔平著名的曼羅陀九宮格裡面[4]，為了達到「獲得八大球團第一指名」的目標，除了控球、球質、體格、變化球等球技方面的目標之外，有一項就是「運氣」。就像七龍珠中的龜仙人所說的：**運氣也是實力的一部分**。如何讓運氣站在自己這邊，也是實力的一種體現。

如果你覺得至今的成就都是因為運氣好，下次不妨改成：「沒錯，我很幸運，但我也很努力。我會繼續努力，好好地運用這些運氣。」

練習就會有進步，你就是天才

華語流行天后蔡依林說過自己不是天才，而是靠後天不斷努力的地才；台灣史上第一面奧運體操獎牌得主李智凱也說自己不是天才，是苦練型的選手。

他們比較的標準在哪裡我不太清楚，但好像可以體會他們的感受，畢竟專業的唱跳或從事高度競技的運動，都需要某種程度的天分加上極高程度的努力。或許以他們的努力程度來說，天分被稀釋到微乎其微的角色。

但話說回來，天分是一切的起點，一個音痴再怎麼努力也沒辦法變成蔡依林，一個肢體僵硬的人再怎麼練也不會變成李智凱吧！更何況，這麼多對音樂、體育有天分的人，為什麼全台灣只有一個蔡依林和一個李智凱？

當然，有很多不同的機運在裡面；但看著他們，我覺得或許對天才的定義可以做些調整。所謂天才，或許不只是那些可以輕而易舉完成某種事情的人，而是「在某個領域努力就有相對成果的人」。只要練習就會有進步的話，你就是天才。

當然，不只蔡依林和李智凱是天才，張懸、落日飛車、血肉果汁機、黃克強、丁華恬、在live house演出的新團、在體育館練習的青少年，都是自己類型中的天才；你也可能是。天才型的冒牌者，試著調整一下定義吧！

貶低自己和謙虛只有一線之隔

我去日本巡迴宣傳的時候，詢問出版社：「如果方便的話，我想去跟業務部打聲招呼，謝謝他們這麼努力地幫這本書宣傳。」因為我採訪行程很滿，只能從午餐時間抽出五至十分鐘做這件事，出版社也答應了。

走進業務部時，眼前是我完全想像不到的狀況。那是一整層開放空間的辦公室，我看到一片黑壓壓的人，每個人站在自己座位上、帶著燦爛無比的笑容、用超大分貝的掌聲幫我鼓掌。

在完全沒有意料到的情況下，我第一個反應竟然是嚇到回頭問編輯：「怎麼辦？」甚至想轉頭就跑。當下，我是真心覺得有什麼事情搞錯了，他們為什麼用這麼大的陣仗迎接我，我只是一個普通的上班族啊。

業務部主管開心地握著我的手說：「謝謝妳寫了這麼一本長銷書。」我回答：「不，我什麼都沒做。」我是真心的，我除了把書寫出來之外，真的什麼都沒做。

美國新創投資者法蘭・豪瑟（Fran Hauser）在她的著作《柔韌》中就寫道：貶低自己和謙虛只有一線之隔。特別當你處在一定地位（如主管、小組長、專案負責人）時，一點人性的表現（如承認自己的缺點）會讓自己更容易親近，比較容易與人連結，而且比較不具威脅性。

然而，這和貶低自己不一樣，貶低自己是出於討好的心態，而且會投射出負面形象，讓別人覺得你不值得信任[5]。

如果讓我再回到那個充滿掌聲的樓層一次，我會說：「謝謝，我花了許多力氣、抱著真誠的心寫了這本書，謝謝你們讓日本的讀者看到，也很高興這麼多人喜歡。」

「我失敗了」跟「這件事失敗了」，心態大不同

日本文學家夏目漱石的名作《少爺》（坊ちゃん）中，主角什麼都瞧不起、什麼都是別人的錯的態度，實在充滿閱讀樂趣。比起到處都怪罪別人的他，我則是碰到什麼事情

（即使還沒真的發生），都覺得是自己的問題。「真好，我也想要像他一樣！」我在心中忍不住這樣想。

某次在夏目漱石的國家——日本接受訪問時，我脫口而出「我也想要『坊ちゃん Power』！」當時一屋子日本人，沒有人聽得懂。「任何事都不是我的問題，我是對的。」我解釋完後，他們突然哄堂大笑，連連點頭稱是：「哇，好棒的少爺力！」

不少演講場合裡，我也碰到許多類似的提問，我發現許多冒牌者容易把失敗或挫折內部歸因，對習慣內化一切的內向者來說，這種狀況尤其頻繁，總是會想著：「如果我做了什麼或不做什麼，或許就不會這樣了。」而不管中間自我反省的思路為何，最後的結論都是一樣的：「都是我的錯。」

以前的我也總會這樣想，直到有一次某位前輩開玩笑地跟我說：「拜託，你覺得自己有這麼重要嗎？」我才驚覺：「對耶，如果時光倒流，我真的有辦法改變全局嗎？」當然，大多數的狀況沒辦法。

仔細觀察，一件事情會失敗通常不是單一因素，有時更是天不時、地不利、人不合造成的完美風暴（perfect storm），我就算坐時光機回去，憑一己之力也不一定可以力挽狂瀾，更何況我沒有時光機。

後來，我學著把事情分開來看，**這件事情失敗不等於我是個失敗的人。**致力於司法改革、審判過無數社會邊緣人的美國法官維多莉亞．普拉特（Victoria Pratt）這樣說：「失敗只是一件事，不是一個特質。人不會是個失敗。」

下次如果失敗了，你可以說：「這件事情這次沒有成功，我來試試別的辦法！」

被喜歡、有人肯幫你，也是一種能力

有些冒牌者會把成就歸因於「是因為大家幫忙，事情才有辦法完成，不是我的功勞」。現代職場上，大部分的事情或多或少都需要團隊合作，所以不能說這樣全錯。

但是仔細想想，大家肯幫忙你，是不是也代表了某種認可？

身為棒球迷，時不時會看到先發投手投得虎虎生風，但隊友的打擊就是不捧場；或是明明前幾局都好好的，後援投手一上來大家就狂失誤、猛失分的狀況。那種時候，我們會笑稱：「這就是沒有請宵夜啦！」

開玩笑歸開玩笑，但職場上確實也會這樣，有些人，你不介意多幫他打個電話，甚至多出一點力；但某些人，把份內工作做完就仁至義盡了，也不會想為他多做些什麼。

研究指出，被喜歡的人在職場上較有優勢，也較容易錄取[6]。《哈佛商業評論》指出：如果要在有能力的混蛋（competent jerks）和討人喜歡的傻蛋（lovable fools）之中挑選合作對象，大部分人會選擇後者；意思就是說，即使知道混蛋比較有能力解決問題，但討人喜歡顯然比較重要。

更有甚者，這群討人喜歡的人也能有效促進不同團體間的合作[7]。我知道你在想什麼，你想著：「不不不，那是因為他們人很好，不是我很討喜！」對嗎？這樣說吧，如果是你的話呢？你會一再幫助一個你不喜歡的人嗎？看吧，不會吧！

請好好地接受這件事，**有人肯幫你，真的是一種能力**。

從內在開始，建立自我認知

透過跟冒牌者經驗對抗的過程，或許正是建立健康的自我認知、獲取強大內在力量的好機會，為更好的自己做好準備。

在對抗的過程中，長出力量

前陣子，有位前輩決定徒步走蘇花公路。當時他五十八歲，選擇沒有任何同伴、獨自徒步。

周遭的親戚朋友，每個都很擔心：「唉呦，你這個年紀了，安全嗎？」、「蘇花那段很危險，下雨容易坍方，而且砂石車又多又快，很容易發生意外。尤其那段路的隧道很多，裡面烏漆抹黑的，砂石車根本看不到你。還是不要啦！」這些聲音是不是很熟悉？

身為冒牌者的我們，根本不用三姑六婆，反對的聲音就會從內心像海浪一波一波打來。「這太難了，我又沒做過，做不到啦！」、「失敗怎麼辦，到時候也只是丟臉而已！」

英國職涯教練克莉絲汀·伊凡潔蘿（Christine Evangelou）說：「就像玫瑰從荊棘中長出美麗，我們也可以從最不可能的地方得到力量。」（Just like the rose holds her beauty among the thorns- we can gather our strength from the most unlikely places.）

透過跟冒牌者經驗對抗的過程，或許正是建立健康的自我認知、獲取強大內在力量的好機會，為更好的自己做好準備。

打破冒牌者循環，提升自尊

之前的（「再多成功也不會有幫助！冒牌者的內在因素」，見第五二頁）提過自尊是冒牌者經驗的關鍵因素之一，而低自尊的人容易陷入冒牌者循環；打破循環的第一步，就是提升自尊。

低自尊的成因很多，可能是家庭因素[1]、社會比較[2]、在社會上經歷拒絕和失敗[3]、自我批判等[4]；請記得兩點：這不是你的錯，而且你有辦法改變。

一般而言，提升自尊有以下幾種方法：

1 **找出生活中的負面想法：**把那些負面想法改成較正面的說法，例如把「我學不會、我做不到」改成「我需要用別的方法試試看」[5]。

2 **面對挫折或失敗：**運用自我同理心（self-compassion），以較寬容、仁慈、理解的角度對待自己，而不是自我批評[6]。

3 **創造支持網絡：**找到一群願意支持、鼓勵你、給你正面回饋與情感支持的人[7]。

4 **正向心理學介入**（positive psychology intervention）：練習感恩、記錄自己做得好的事情、經常性自我肯定[8]。

5 **正向練習**（mindfulness-based approaches）：可以利用自我覺察、自我提升、減少自我批判來提升自尊[9]。後面章節會提到更具體的作法。

容許退一步，客觀看待自己的一切

肯特剛出社會沒幾年就進入國際知名的會計師事務所擔任顧問，他精通多國語言、有別人稱羨的學歷，而進這間事務所更是他的夢想。

雖然有著看似完美的歷程、走在夢想的康莊大道上，但他跟我說：「在事務所的每一天，我都痛苦到想辭職，每天起床都必須鼓起勇氣出門上班，禮拜天晚上會開始陷入憂鬱，我不知道會不會有人隔天就發現我根本什麼都不會，要我離職。」

他是家中第二個孩子，個性比較內向安靜的他，從小總是被拿來跟外向討喜的姊姊相比。父母、甚至祖父母經常習慣性地提醒：「像姊姊這樣，人家才會喜歡，在社會上才容易跟人相處。」

他剛進入事務所的那段期間，剛好這一切總和起來達到最高峰：在一個陌生的新環境、企業文化強調競爭與外向性、他是團隊裡最資淺的成員，加上從小「你不夠外向，在企業裡沒辦法被喜歡」的暗示，冒牌者經驗像洪水猛獸般來襲，他非常確信自己隨時會被解僱，甚至想著：「如果我先辭職，就不會被公司解僱了。」

有些時刻，冒牌者經驗會來得比平常更兇猛；對有些人來說，他從有意識以來就覺得自己不配、不值得。

每個人的生命歷程和生活經驗都不一樣，面對冒牌者經驗，也不會有個對所有人都保證有效的解法。建立正確認知的第一步，通常是找到自己冒牌者經驗的來源。

就肯特來說，那段時期剛好是冒牌者「全餐」，所以會更加痛苦。「你是團隊裡最資淺的成員，最沒經驗、做事最慢、貢獻最少、常常要問別人都是正常的。團隊中有人幫你嗎？」我問。「有，雖然他們工作很忙，但大家都對我很好、很支持我，所以我更覺得自己在拖累他們。」他說。

我認識那家事務所的高階主管，對他們的企業文化有點認識，我對肯特說：「我們來釐清幾點。第一，你知道他們只聘用最好的人才吧？聘用這樣的人才成本很高，如果你離職了，他們還要重新找人。站在主管的角度，他們當然會希望你好好待下來，團隊成員都很忙，但都還是全力支持你，就是最好的證據。」

「第二，你覺得自己能力不足，那是因為你才進公司不到一年，而你期望自己跟有二至三年經驗的同事一樣厲害。這樣的要求不太合理吧？」

「第三，公司文化強調積極、競爭，你會覺得格格不入、自己不夠好，是因為這和你的個性不太一樣。你要不要從優點來看，看內向、善於分析的自己可以對團隊做出什麼貢獻？」

幾個月後，肯特跟我說：「我昨天線上會議開到半夜十二點，這家公司好瘋狂啊！雖然還是覺得很累，但我覺得自己在進步了。我好像可以試著跟上團隊的節奏，也慢慢找到一點可以貢獻的地方。」

我對肯特的能力從來沒有懷疑，那段時間只是暫時性的狀況，只是剛好所有冒牌者因素都像瑞士起司理論（編按）一樣同時發生罷了。

我很認同創業家闞登元說的，「不要去跟什麼大神比，不要一開始就去跟頂尖的人比，而是認知自己，即便在現在的位置上，也一定有我能做的事，有我能協助的人，有我能服務的人。把這些人服務好、協助好，就是此階段最大的價值。」[10]

如果你也在人生的這種時刻，試著後退一步，用客觀角度看看自己的冒牌者經驗從哪裡冒出來。當然，不是讓你把這些變成藉口，像是「都是因為家庭的關係，我從小就這樣，所以一輩子都會這樣」。

你的人生是你自己的，找到原因後，想辦法慢慢改到你希望的方向就好了。

恐懼表示在乎，而在乎就表示會做最好的準備

無論你的年資、身分、財富、地位為何，大家都會恐懼，怕戰爭、怕生病、怕死亡、怕蟑螂、怕高、怕獨處、怕打電話、怕密閉的小空間、怕自己不夠好、怕被背叛、怕不被

愛、怕失去所愛……。

有些恐懼是你可以避免的，譬如不要搭雲霄飛車或避開某些你不喜歡的空間，但有些恐懼比較抽象，你不知道它何時會鑽進你的腦袋或給你的意志力一記重擊。

仔細想想，你會發現，恐懼並不是單純的害怕或不安，而是出自你的在乎。如果你不在乎一個人，你不會怕他不愛你；如果你不在乎一個專案，你不會怕它失敗。換句話說，你的恐懼只是你在乎的另一個樣子，好好看你的恐懼，它會指引你追求的方向。

但面對恐懼絕非易事，特別是在陌生的環境下：新職位、新工作、新團隊，這些都是冒牌者經驗來襲的時候。

我最常用的例子是前臉書營運長雪柔．桑德伯格（Sheryl Sandberg）在突然遭遇喪夫之痛時，華頓商學院教授亞當．格蘭特問她：「事情最壞的狀況是怎樣？有可能更糟嗎？」[11]她當下覺得：「現在已經糟到極限了，怎麼可能更糟！」

亞當．格蘭特問：「大衛（雪柔．桑德伯格的先生）是在健身房因心律不整猝逝，如果他當時在開車、還載著兩個孩子呢？」雪柔．桑德伯格才驚覺事情有可能遠遠更糟。

面對未知的恐懼時也一樣，寫下最糟的狀況、對你有什麼影響、你可以怎麼應對，然後再寫下最好的狀況。看看你寫下的一切，就比較容易看到其中的祝福。

例如：創業失敗了可能我會賠光所有的錢，但我還有健康的身體和創業家的頭腦，可以做很多事；如果被老闆拉黑到極限，我可能會丟掉工作，雖然會有點辛苦，不過應該還有其他工作機會。

法蘭．豪瑟的結論是：「即使慘上加慘（但機率很低且能預先防範），我們總有某些方法絕地重生。」[12]下次感到恐懼時，請記得：恐懼表示你在乎；而在乎，就表示會做最好的準備、做好風險管理，然後想辦法做到。

好好失敗，一切只是機率問題

我知道你在想什麼，「好好失敗？我才不想失敗，我就是不想面對失敗才會有冒牌者經驗，你還叫我好好失敗？」

我們退一步來說好了，你覺得有可能不失敗嗎？我是個內心總有無數小劇場的內向者，我很有自信，你隨便跟我講一個提案，我就可以膝反射般想到許多風險和失敗的可能性。

我心裡的ＯＳ總是：「如果這個發生了怎麼辦？那件事也有可能出錯，我要怎麼預防？」我總是為了不要失敗而做萬全的準備。從小到大的設定都是如此的我，在長年如此縝密計畫和預防的人生之下，失敗了幾次呢？「無數次！」

我投過幾百封履歷，全部都石沈大海；我花了兩年用盡全部的心力寫了無數行銷企畫，大部分沒有錄取；我為了爭取客戶而盡心盡力擬定策略，他們還是不想跟我合作。換句話說，不管再怎麼用盡全力把機率降到最低，失敗還是無所不在。聰明如你，應該看到關鍵字了——「機率」。

暢銷作家史蒂芬．蓋斯（Stephen Guise）提醒：單純自己一個人造成的才叫「失敗」；如果有其他人的因素，就是「機率」[13]。你的履歷沒寄出去，這叫失敗；但寄出去之後沒有獲得面試機會，這叫機率；你的企畫中附了錯的預算表，這是失敗；但客戶如果看完企畫之後選了別的廠商合作，這是機率。

心理學研究證實：比起一般人，冒牌者更害怕失敗，更擔心自己犯錯，也常高估自己犯錯的次數[14]。當你覺得失敗不是失敗，只是機率問題時，**盡力做好自己的部分，那就是成功了**。

失敗過後，更能面對難題、接受改變

新冠肺炎（COVID-19）流行時，我幾乎三年足不出戶（感謝遠距工作和線上演講）、打了四劑疫苗、避免與人接觸、任何進到家裡的東西都要全面消毒，過著幾乎神經質的生活。但你知道嗎？新冠流行的第四年、身邊所有人都得過之後，我還是確診了。

預防失敗就有點像我預防新冠的方式，代價太大了，我都不知道搞成這樣是否值得。或許比較健康的心態是：**接受錯誤和失敗是生活的一部分**。

研究指出，遭受重大創傷和逆境會帶來正面效果，例如抗壓性增加、憂慮程度降低、加強你的韌性[15]。此外，泰德斯（Tedeschi, R. G）與卡宏（Calhoun, L. G）的研究指出，失敗有助於重塑人的經驗，失敗過後，人們更能面對難題、接受改變，並且為之後的困境或挑戰做好準備[16]。

當然，失敗的強度、代價和每個人對失敗的反應不一樣，這不是說你一定要像SpaceX團隊在看到火箭發射失敗後那麼雀躍不已（因為失敗的數據極其珍貴，會讓他們下次成功的機率增加），但失敗真的不全然是壞事。

遇到失敗時，感到挫折、遭受打擊、失去自信……都是很正常的反應，日本精神科醫師水島廣子說：你必須先理解，這些所有的負面感覺，都只是你面對衝擊的一種「反應」。這些都不是你這個個體受到損害的「結果」，而只是你受到打擊的證據。然後，告訴自己「總是會有辦法的」[17]。

如果相信每個人都會失敗、失敗是正常，甚至是可以幫助成長的事，你心中的小劇場應該都可以不攻自破。那些你內心深處的焦慮和不安，例如「失敗等於我是個沒用的人」、「只要失敗，我就不會被尊重」、「失敗等於失去一切」，其實都是你自己對未知的恐懼而已。

對了，故事開頭那位前輩，他後來在花蓮寄了明信片給我，他說：「其實隧道裡亮得很，那些跟我說太暗的，全都是沒去過的人。」不要讓沒去過的你阻擋即將要上路的你，建立好健康的自我認知之後，就出發吧！

編按：瑞士起司理論（Swiss Cheese Theory）是英國曼徹斯特大學教授詹姆斯．瑞森（James Reason）於一九九〇年提出，解釋意外發生的風險分析與控管的模型。瑞士起司在發酵過程中會產生一些小洞。正常狀況下，這些小洞的位置因為都相當隨機，把起司一片一片疊起來的話，光線是沒辦法穿過去的。但在某種極端的情況下，當每片起司剛好在同樣一個地方有孔洞，光線就會毫無阻礙穿過去了。這個理論主要解釋某種嚴重狀況會發生，都不是因為單一原因，而是多個原因同時出錯而造成。

對抗冒牌者的心法練習

察覺到負面的聲音開始時，最好的方式就是退一步、面對他、處理它，再進一步用積極、鼓勵的聲音取代它。

自我鼓勵必須刻意練習

改變想法聽起來很簡單，成功人士或書籍裡面會說：「轉個念頭想想，事情就沒那麼複雜了！」不，以我跟冒牌者經驗奮鬥幾十年的經驗來說，我可以很肯定地告訴你，這一點都不是「轉個念頭」那麼簡單。

我不知道大家是怎麼辦到的，對我來說，就算一個最簡單的自我鼓勵「我做得到」，在腦海裡面也變成連續劇，劇情就像剝花瓣般不停地鬼打牆：「我做得到……嗎？不，我做不到……不行，我得試試看……但真的沒辦法，我做不到……！」就算是這麼無趣的來回劇碼，在我腦海裡還是可以輕易演出超過兩個禮拜，從不間斷。

心理學家稱之為「情感型推論」，「我覺得自己很胖，所以我很胖」、「我感覺自己很沒用，所以我很沒用」這種「自我感覺」的力量強大異常，你看過骨瘦如柴還是堅持要節食的厭食症患者大概就可以了解[1]。

對我來說，自我鼓勵是一種必須刻意練習的歷程，跟維持成果一樣辛苦。就像重量訓練或減肥一樣，你可能每天全神貫注地訓練、控制飲食，用盡各種方法達到一定的體重或肌耐力，但是只要一不留意或暫停，前面的成果可能就化為烏有。

市面上有許多針對冒牌者經驗的練習手冊，提供不同的方法，接下來我會列出一些對我有幫助的作法。

了解自己的冒牌者時刻

很多時候我們不知道自己已經慢慢進入冒牌者狀態，而是要過了之後才會像魔咒結束、突然清醒之後，想著：「我不是要練習離開冒牌者嗎？我剛剛怎麼又這樣了！」

人類有一部分反應是不會經過太多思考的，例如感受到威脅，你就選擇逃跑或反擊；例如發生一件意料之外的事，即使理智上你知道要怎麼應對，但有時候你根本動不了，只會驚呆在原地。

因此，建立自我意識是辨別冒牌者經驗的第一步，你要知道什麼時候冒牌者開始跑出來了，然後採取行動。根據不同研究[2][3][4]，你可以用這個檢視自己是否有冒牌者徵兆：

1 **自我懷疑：**即使已經有實績與外界認可，仍常對自己的能力、專業感到沒信心。

2 **將自己的成就打折：**覺得取得的成績是因為運氣。

3 **害怕失敗：**非常擔心失敗或被看穿，通常會導致焦慮或完美主義。

4 **過度努力追求成就：**要求自己付出更多來證明自己的價值，通常會覺得自己要比別人更努力來彌補自身的不足。

5 **比較：**經常和別人比較，而且常常覺得別人比自己好，常著重在他人的成就而忽視自己的成就。

當你有以上任何一個症狀時，那就是你的「冒牌者時刻」。不要覺得這很正常，或「我個性就是這樣」，當冒牌者時刻出現的時候，該做的是想辦法對付它。

自我覺察書寫練習

如果你習慣書寫，或分析式的思考，諮商師阿席娜・丹洛伊（Athina Daniloy）在著作《冒牌者症候群工作手冊》（中文書名暫譯，*The Imposter Syndrome Workbook: Exercises to Boost Your Confidence, Own Your Success, and Embrace Your Brilliance.*）提供了一個書寫練習模板，來做到自我覺察的模式[5]：

- 當＿＿（事情）發生時，我覺得＿＿（寫下感覺）。
- 當＿＿（狀況）發生時，我開始想＿＿（負面感覺或自我批判）。
- 當我的負面感覺或自我批判出現時，我通常會＿＿（寫出行為或反應）。
- 最後，會發生＿＿（結果）。
- 以後，我應該＿＿（寫下方法）讓自己好受一點。

【範例】：

- 當我在工作中犯錯時，我覺得超級丟臉、覺得自己很沒用、什麼都做不好。
- 跟老闆報告這個錯誤時，我開始想他一定會叫我明天不用來了。

- 當我的負面感覺或自我批判出現時，我通常會變得神經質，對所有事情都再三檢查、確保不會出錯。
- 最後，我會花太多時間在單一工作上，不僅其他任務被拖延，我也覺得自己能力不足。
- 以後，我應該跟自己說：所有人都會犯錯，重要的是如何從錯誤中學習。

讓自我批判與負面想法安靜

對處於冒牌者經驗中的人，負面想法幾乎像是耳朵會自動聽到聲音一樣，自然而然地進入意識之中。賴希（Leahy）等人在著作《憂鬱焦慮失調治療方法》中指出，負面想法通常會用幾種類型出現：

1. **讀心術：**你會覺得自己可以知道別人的想法，像「大家現在都覺得我是白痴了」。
2. **標籤化：**幫自己貼負面標籤，像「對，我就是笨」。
3. **通靈：**你會毫無證據地預測事情會往不好的方向進行，像「如果我接了這個專案，別人就會發現我根本不會」。

4 凡事災難化：你在設想結果時，都是想到最糟糕的狀況，像「如果我這次跟這個客戶的關係搞砸了，我在業界就永遠黑掉了」。

5 不公平的比較：你會和你覺得比自己好的人比較，「大家都比我有經驗又有能力，我不屬於這裡」。

6 非黑即白的二分法思維：像是「如果拿不到這個訂單，我就是失敗者」。

7 對讚譽打折：如果別人稱讚你的表現或個性，你會自己打折，像「創業比賽的評審說我的想法很有創意，他們只是人很好而已」[6]。

這些負面想法和自我批判不會讓你勇往直前，只會讓你感覺心情低落、覺得自己永遠沒辦法達成目標[7]。察覺到負面的聲音開始時，最好的方式就是退一步、面對它、處理它，再進一步用積極、鼓勵的聲音取代它。

你注意到這有點像跳舞了嗎？是的，負面想法和自我批判是你內心的一部分，這個過程中你會時而後退（跟它拉開距離、讓它安靜）、時而前進（包容它、鼓勵它），就像在拉著冒牌者的自己跳舞一樣。

跟它拉開距離的方法是挑戰它，例如反問這些問題來對應各類型的負面想法：

【範例】：

1 讀心術：有證據證明別人是這樣想的嗎？

2 標籤化：這些負面標籤有證據嗎？我對自己這樣貼標籤有什麼好處？

3 通靈：有證據支持我的預測嗎？上次我預測正確是什麼時候？

4 凡事災難化：以前有人跟客戶的關係搞砸就在業界永遠黑掉嗎？有證據說明我的客戶溝通能力爛到一定會搞砸這一切嗎？

5 不公平的比較：拿自己跟那個人比較恰當嗎？會不會我是在拿自己的起點跟別人的終點比？

6 非黑即白的二分法思維：如果拿不到這個訂單，我就真的是失敗者嗎？我為什麼會覺得只有這兩種極端值，沒有其他中間選項呢？

7 對讚譽打折：創業評審跟我非親非故，如果他不是真的覺得我有創意，他有必要誇獎我嗎？

對自己仁慈，做自己的加油團！

我最喜歡的馬克杯上面印的是「In the world where you can be anything, be kind.」（在你什麼都可以做的世界裡，做個仁慈的人）。

當我把這句話分享給讀者時，我知道這些大多是內向傾向、高敏感族群的人一定會想太多，會把對別人仁慈放在優先順位，所以特別加上一句：「最重要的是，對自己仁慈。」（Most important of all, be kind to yourself.）

果不其然，我的社群媒體裡塞滿了留言，很多都是在問：「請問要怎麼對自己仁慈？」

對付冒牌者的方法中，我覺得對我最有效的就是：假想一個超級支持自己的好友。這個人了解你、凡事為你著想、無條件支持你、散發強大正能量、不管任何狀況都忠貞不二地挺你到底。對，大概就是偶像劇裡的設定，或者你想像成被調整到完美的ＡＩ也可以。

每當我的負面想法或自我懷疑出現時，我就會想：「如果是這個虛擬好友，他會怎麼說？」一想也知道，這麼挺我的麻吉當然是義無反顧的：「你認真地懷疑自己嗎？別傻了，你想想看以前做過哪些事，光我知道的就有ＸＸ案子你完成了，還拿了獎金；〇〇客戶從以前就都是你在負責，老闆也沒有說要換人過，就表示他們很滿意啊。這次的新案子，你是在害怕什麼？」

當然此時，冒牌者就會開始說：「哪有啦，之前那個案子是僥倖，當時都快出包了，害我嚇出一身冷汗；你說的那個客戶，他們人很好、要求也不高，我只是做一般性的服務而已。這次是真的不一樣啦！我沒有碰過印度客戶，聽說他們殺價殺很兇、又會奪命連環call、這次單子又這麼大，我真的頂不住、會死啦。」

虛擬好友會說：「殺價殺很兇是會砍到你的心臟嗎？奪命連環call又怎樣，他們在印度，又不會像你上次那個客戶半個小時候就自己殺過來。大單小單有差嗎？做的事情都差不多，那些只是數字而已。」

當然，這些對話有些戲劇化，但你知道我的意思了吧？那個虛擬好友怎麼挺你，你就應該怎麼挺自己，畢竟，你才應該是自己最好的朋友不是嗎？

如果你已經在道路上努力跑著，加油團會說：「很棒很棒，再一下就到了！」，還是：「你到不了啦、等一下就抽筋了啦，不要跑了？」做自己的加油團吧！

Part 3

給冒牌者的專屬行動指南

我有個學長，在國際大品牌做電商，一路扶搖直上當到高階主管。我覺得他超強的地方在於：不管電商市場再怎麼變動劇烈，他總是可以像打太極拳一般，優雅地把挑戰化於無形。

有一次聊天時，他說自己的工作哲學是「只用八分力」。當下我聽不太懂，他解釋給我聽：「你想想看，主管知道你真正的極限在哪裡嗎？不知道，所以平常用七、八分力工作就好，真正碰到難題的時候，提升到九分力，主管就會覺得你很拚命，但其實你還沒用到全力。」

我聽完這段話，下巴幾乎要掉到地上，每件事都因為怕做不好而用盡全力的我，完全沒想過工作時還可以用節電模式！

當然，學長一定有他的獨到之處，才有辦法用節電模式還能在職場上這麼悠遊自在。冒牌者的我們，也可以發展出一套在職場上甩開冒牌者經驗的方法，先不求悠遊自在，但求避免過勞。

設定合理、適合的目標

許多冒牌者看似光鮮亮麗的職位和成就，都是建構在「我怕讓別人失望、怕丟臉」、「這樣我才有價值」的想法上。而這樣的壓力，會導致冒牌者不斷在身上施加壓力。

任由稻草壓垮自己的駱駝

大衛在國際大型廣告公司工作十幾年了。他喜歡和一流人才一起工作、喜歡公司熱鬧的氣氛、喜歡這些不正經到有點瘋狂的同事，更喜歡你一言我一語的動腦會議，以及自己的作品被世界看到的樣子。

但現在他漸漸地不知道自己為何而戰了。他一樣喜歡廣告，但覺得慢慢失去熱情。隨著職位升高，他要看的是成本收益、業務開發、影片點擊率、團隊流動率……，以前那種大家一起加班拚提案的革命情感，現在變成一項一項KPI和數字壓力，每週、每月、每季排山倒海壓過來。

他很努力，想當個幫公司接大案子的員工、想當個團隊尊敬的好主管、客戶信賴的好夥伴、業界認可的廣告人……，他總是在深夜和週末加班，想要證明自己做得到。

可是，最近他發現：「接到大案子我一點都不開心，只會想著接下來要怎麼安排人力、怎樣在時效裡完成作品，這讓我越想越累。」他用了好幾次「累」這個詞，但他一直說：「這就是我的工作。」

大衛的狀況並不罕見，許多冒牌者看似光鮮亮麗的職位和成就，都是建構在「我怕讓別人失望、怕丟臉」、「我想讓誰滿意」、「這樣我才有價值」的想法上。而這樣的壓力，會導致冒牌者不斷在身上施加壓力、不斷調高目標，直到受不了為止。

如何檢視目標是否適合自己？

美國職場教練美樂蒂・懷爾汀（Melody Wilding）在《相信你自己》一書中說到：有遠大的抱負不是問題，真正不健康的，是你怎麼訂這些目標，還有你追逐目標的動機。美樂蒂・懷爾汀說，出現下列徵兆時，就要好好檢視你的目標是否適合自己：

1 **當目標不是你真正想要的：**你是出於「我應該／必須」或「大家都這樣做」時，仔細想想那個目標是否真的適合你。

2 **目標帶來的痛苦大於益處：**當然，所有事情都不是只有純然的快樂，但如果光想到那件事就會讓你眉頭緊皺、心跳加快、胃食道逆流，就應該要好好評估是否需要調整（即使大家都覺得那件事很酷或拒絕的人是白痴）。

3 **當你關注的是結果而不是過程：**如果你只想著「百萬年薪」，但沒有去想達到百萬年薪所需付出的努力過程，你應該暫停一下。

4 **被迫放棄生命中的其他優先順序：**如果這個目標讓你不惜代價（譬如犧牲健康、放棄與家人相處的時間）也要堅持下去，建議退一步評估看看是否值得[1]。

找到適合自己的「合理的目標」

什麼叫做「合理的目標」，對每個人都不一樣，但如果你已經出現這些徵兆，就表示你的目標已經變得不太健康。有些方法可以把目標調整到比較適合自己的狀態，不要再讓過高的目標造成冒牌者經驗。

• 思考目標背後的原因

看看目標清單，問問自己這些目標是從哪裡來的。有些目標是主管給的、有些是你自己想要的、有些是家人期待、有些是會對職涯加分、有些則是出自不想輸的心情……，知道之後，再想想看哪些是你「真正的」目標。

真正的目標不是為了讓別人開心、讓報表好看，也不是為了讓你在派對上可以吹噓，更不是因為大家都在做所以你也去做了，**真正的目標背後只有一個原因：「因為你想要」**。

你覺得自己應該出席某個活動，因為業界重要的人士都會到，不去不太好；你報名了半馬，因為辦公室的大家都報了；你參加品酒會，因為你覺得這樣跟客戶比較有話聊。

真正的目標，看起來應該是：我在社群平台上固定發表對某個領域的看法，因為我想要建立個人品牌；我每週上瑜伽課，因為上完課身心舒暢；每月我會騰出時間跟朋友打球，因為打球時的垃圾話太紓壓了。

• 為目標清單瘦身

放棄目標需要勇氣，想想什麼事情對你來說是最重要的。創業家、作者、科技媒體人蘭蒂．祖克柏（Randi Zuckerberg）提出一套我覺得非常管用的「選三哲學」。

當我們追求工作和家庭平衡、要社交、要運動，也要有足夠的睡眠時，她開宗明義地說：「完美平衡是不可能的。生活中的重要面向：工作、睡眠、家庭、運動、朋友，選出三項專注完成，明天再選三項不同的目標就好[2]。」她就是這樣兼顧創業家、媽媽、妻子，還有百老匯演員的身分。

在生活不同面向上拋接球之外，也想想每個目標需要達到的程度，例如「我一定要每天煮三菜一湯嗎？如果主菜從信賴的店家買，是不是也可以節省一些時間？」、「專案一定要全部由我的團隊做嗎？中間幾塊可不可以切出來，請其他團隊支援或找外聘人力幫忙？」

當你的重點放在為目標清單瘦身時，你就會被迫思考哪些才是最重要的。

● 設定可掌握的目標

暢銷作家史蒂芬・蓋斯在《如何成為不完美主義者》一書中提到：幾乎所有人都會複製別人的目標[3]，但當目標因此不知不覺太大時，你會容易感到迷失、不知道現在在哪裡、方向是否正確、還有多久才會到、覺得太遙遠而想放棄。

如果把大目標分成許多小目標，事情就簡單許多了。舉例來說，在台北戶外運動很痛苦，不僅大部分時間在下雨，而且不是太冷就是太熱（你看，我多麼會找理由）。

但知名財務顧問郝旭烈（郝哥）跟我說：「妳每天花五分鐘就好，一分鐘穿鞋綁鞋帶、一分鐘脫鞋，中間那三分鐘就去散散步、動一動，反正才三分鐘。這樣你就每天都有運動了。」、「蛤，什麼!?就這樣!?」我心裡想著，這根本就是自我安慰法吧！

但神奇的事情發生了，從聽到郝哥的話那天到現在，我每天的步行數增加了快三倍，到哪裡都想用走的。

從小目標開始，就可以慢慢達到大目標。無論你的健身計畫是做三下仰臥起坐，或是少喝一口珍奶，都是有意義的進展，繼續就對了。

•目標可以調整，但不是一直往上調

找到合適且平衡的目標需要不時微調，所以不要期望自己第一次就把目標訂得很好。世界在變、你的優先順序和資源都在變，沒有什麼理由讓你非得在什麼時候完成什麼事。如果六個月做不到，試試看七個月；如果自己做不到，試試看請別人幫忙。

要特別提醒冒牌者的是，因為我們總是想要做更好、做到最好，所以常常會將目標往上調——如果六個月做得到，那下次五個月應該就可以；如果我可以自己做到，以後搞不好還可以支援別的團隊。

想想看如果你在籃球比賽中奮戰，卻發現籃框一直被調高是什麼感覺；或是健身教練在你好不容易推舉到最後一下時說：「再來十下！」那種想罵髒話的憤怒。**不要對自己這麼嚴苛。**

•想好退場機制

我知道，安西教練說：「現在放棄，比賽就結束了。」但在職場上，你還真的需要把放棄列入選項之一。沒有設停損點、執著於一個不再有意義的目標和計畫，只會造成更大的傷害。尋路者顧問公司（Wayfinder Collective）的執行長艾希莉．賈布羅（Ashley

Jablow）建議把「放棄」納入選項的原因是：放棄也代表釋出資源去完成其他事。

怎麼決定放棄呢？企業家、投資家提姆．菲利斯（Tim Ferris）建議在開始之前，先想好退場條件，例如「當達到哪些條件時要放棄？」或「當不利的局勢和代價超過潛在好處時，就要放棄。」[4]

當真的要思考放棄（如離職）的時候，他建議一個簡單的方法：拿出紙筆，問自己：「我還有多少興趣繼續做現在的工作？」、「我有多想放棄？」在紙上寫出一至十分，看自己的程度在哪裡[5]。但重點來了，他說一至十分的量表中要劃掉七，七是最常見的預設值，劃掉七會讓你被迫思考自己是在〇至六的區間，或是八至十的區間[6]。

故事開頭的大衛，後來從大型廣告公司辭職，自己開了小型工作室。雖然沒有大公司的光環、少了和大客戶接觸的機會，但他可以選擇自己喜歡的案子，甚至可以有更多工作上的彈性。工作室精簡的人力也讓他不用背負龐大的成本，他的目標從「支撐整個部門的業績」變成「養活小小的工作室」。

找到合理的目標之後，大衛可以用比較公平、比較健康的方式看待自己，我覺得他快樂多了，他自己也這麼覺得。

建立面對挫折和失敗的韌性

為什麼有人可以從失敗中學習，越戰越勇；有人卻越失敗越軟弱，然後一蹶不振？在這種害怕失敗的文化中長大的我，究竟可以怎麼做？

熱血可以對抗逆境嗎？

我很喜歡一部超瞎的搞笑電影《功夫棒球》（逆境ナイン），描述一支從沒贏過球的三流高中棒球隊，因為校長下達「不進甲子園就解散」的通牒，所以一路奮發，靠著各種奇蹟、努力與狗屎運，一路打進地區決賽的故事。

這部漫畫改編的電影裡，隊長是個熱血到不行的角色，越是碰到逆境就越充滿鬥志。

每次有困難出現時，他會朝著天空大喊：「這就是逆境啊～～～～」，然後充滿熱血地迎頭面對。

我之所以會喜歡這部電影，就是因為我完全沒有這種鬥志。我怕犯錯、怕失敗、怕努力過後成果不如預期、怕人家不開心、怕讓自己跟別人失望……，在冒牌者的陰影籠罩下，我脆弱得像風一吹就會倒掉的撲克牌塔。

但是，明明我從小到大不缺失敗的經驗不是嗎？

原本以為這是個人層面的問題，直到看到經濟合作暨發展組織（OECD）的「國際學生能力評量計畫」（Programme for International Student Assessment，簡稱PISA）結果。在二〇一八年PISA來自七十九個國家、超過六十萬的學生受測者中，台灣的「害怕失敗指數」（Index of fear of failure）高居世界第一。

測驗中用三個問題為指標，評量對失敗的接受度：「當我失敗時，會擔心別人對我的看法」、「當我失敗時，我會害怕自己沒有足夠的天賦」、「當我失敗時，會對自己未來的計畫產生懷疑」。台灣「非常同意和同意」的比例為八十九％、八十四％、七十七％，其他東亞國家如中國、日本、韓國緊追在後，都遠高於OECD平均的五十六％、五十五％、五十四％[1]。

為什麼有人可以從失敗中學習，越戰越勇；有人卻越失敗越軟弱，然後一蹶不振？在這種害怕失敗的文化中長大的我，究竟可以怎麼做？

累積失敗經驗，量越大越好

大衛・貝爾斯（David Bayles）和泰德・歐蘭德（Ted Orland）在著作《開創創作自信之旅》（*Art & Fear*）中[2]提到一位老師陶藝老師做的實驗：他把學生分成兩組，告訴其中一組，他會用作品的「數量」來評分，不管做得好不好，反正做越多就越高分；另外一組則是用作品的「品質」來評分，不用做多，但作品越完美，分數越高。

可想而知第一組就是瘋狂地做，第二組則是精雕細琢想要做出最完美的作品。一段時間過後，你猜哪哪一組的作品品質比較好？

答案是卯起來做的第一組。

由於他們累積大量作品與大量失敗，結果技術提升了，最終反而能做出較高品質的作品。而追求完美的那組呢？因為他們專注於對品質的追求，不敢冒險、採取保守態度，反而失去練習與提升技術的機會。

看到這個研究結果時，我好像懂了什麼：從小到大，我們都被鼓勵追求完美——學校的成績、職場上的考績，連我現在出去演講，主辦單位都會請聽眾替我評分。每個階段我們都被要求表現越完美、分數就會越高，毫無例外；但卻沒有人說：「你做越多次越高分。」我們會不會一剛開始就設定錯了？

如果數學小考的時候，是算越多題目的人越高分，會不會這些人段考反而考得比較好呢？如果跳遠預賽的時候，是跳越多次的人越高分，決賽會不會整體成績更好？

當然這些都是我的異想天開，畢竟現實生活不是功夫數學或功夫跳遠，但如果好表現是以「累積經驗」（包括失敗經驗）為優先前提的話，我們需要一套鼓勵自己不斷地做的系統，成功或失敗都不在意，就是一直做。

聽起來很容易，但以面試來說，你當然會希望面試的結果是真的找到工作，沒有人參加面試是為了面試。或是對客戶的簡報，沒有人會希望自己千辛萬苦爭取來的提案機會只是一次「經驗」。

這就是為什麼我們要模擬考、要排練、要模擬面試，多練習、多把自己推出去，任何可以累積經驗（包含失敗）的機會都不能放過。

慢慢失敗、小小失敗

就神經學來說，定期經歷失敗和不適會讓我們的大腦更強韌。想想看一個被五十個人發過好人卡的人，和一個從來沒收過好人卡的人，哪一個人比較能接受好人卡？當然是前者，因為他的大腦已經非常熟悉這個過程了（苦笑）[3]。

可是，如果你跟我一樣，真的還是很玻璃心怎麼辦？我的方法是「先慢慢失敗、小小失敗」。當然，這和矽谷人信奉的快速失敗（fail fast）不太一樣，但我有時候還是覺得保護我小小的易碎的心很重要。

心理學裡面的「脫敏」，是指不斷讓自己暴露在恐懼的事情面前，讓大腦中的杏仁核逐漸習慣而降低敏感度，恐懼感也會隨著降低。我自己試過之後，對我效果比較好的是漸進式脫敏，就是開始以低程度的刺激、漸進式地讓杏仁核習慣。

常有人跟我說：有懼高症的話，去高空彈跳一次就會好了。這種說法我完全沒膽嘗試，而且就算真的嘗試了，我搞不好有揮之不去的陰影，反而一輩子都會怕高。

但是如果給我多一點時間，我可以先從站上椅子開始，站上桌子，然後站上二樓，這樣一步一步克服對高度的恐懼。

專注在過程，先不要管結果

英國利物浦約翰摩爾斯大學（Liverpool John Moores University）教授喬．莫蘭（Joe Moran）說：「人生不可能真的成功或失敗，人生只能經歷。」[4]

而麻省理工學院哲學系教授基倫．賽提亞（Kieran Setiya）在《把壞日子過好》一書中提出「捨棄終點」的概念，給我很大的衝擊。他說結果當然很重要，譬如醫生有沒有救回這個人、企劃人員是否在期限內完成專案；但是，如果你只把心思放在終點，到頭來只會摧毀人生的意義，因為所有你重視的事情都會有終止的一天。

如果我們多放點心思在「過程」上，我們跟失敗就有了截然不同的關係，醫生一步一步執行手術、企劃了解客戶需求、上網搜集資料然後發想，**所有當下的嘗試與努力，都是成就**[5]。

我的工程師朋友亞當，從高中開始喜歡看美國職業棒球，夢想是當上體育主播。但那是一道極窄的門，他參加過新聞主播徵選、體育主播徵選，沒有一次成功。

他想著：要不我自己來講吧！於是，在台灣根本沒有什麼人知道podcast是什麼的二○一七年，他開了全世界第一個用中文講美國職棒大聯盟的節目，每週一到兩集，六年沒有斷過。

現在，他當過體育媒體駐外記者；是三個podcast的製作人，其中一個節目還募資超過百萬、破了台灣podcast紀錄；他是棒球作家和運動文學翻譯家。今天，我才剛在電視上看到他擔任球評，轉播大谷翔平的比賽（沒錯，他辦到了！）。

從工程師到podcaster和主播，他展現了專注於過程的力量。沒有去想：「如果我做podcaster失敗怎麼辦？」、「如果轉職到運動媒體反而失去工程師的鐵飯碗怎麼辦？」，他就是一步一步，做到當下能做到的事。

面對未來的不確定，或面對失敗的風險，當然我們會不由自主地去想「如果失敗怎麼辦？」或「失敗之後要怎麼跟客戶解釋、B計畫是什麼？」這些都想完之後，也盡你所能做好規畫了，就不要想結果了，一步一步做吧！

如火影忍者般建立分身

我喜歡漫畫《火影忍者》裡面的「影分身術」，那是一種忍術，可以創造出具有本體意識和一定行動能力的實體分身，不用了還可以收回來。

博．傑克森（Bo Jackson）是首位在美國職棒和職業美式足球這兩項主流運動職業比賽中都入選全明星賽的球員，他從小就因為情緒控管不佳而常把自己搞到陷入麻煩的狀況中。直到他看到恐怖片《十三號星期五》（*Friday the 13th*）中冷酷、精於算計的殺人魔傑森後大大驚艷，自此每次上場他都把自己變成傑森[6]。這樣的「分身」，大大幫助他在球場上保持高度專注與冷靜，在賽場上獲得傲人成就。

碧昂絲顯然也知道這個方法，她在工作和在舞台上時，會用分身「Sasha Fierce」上場，她形容這個分身「風趣、迷人，比較感性、有攻擊性、直言不諱，跟我私底下膽小的個性不一樣。」因為分身「Sasha Fierce」幫助碧昂絲在工作上和舞台上展現女王般的自信和舞台魅力，大家叫她「Queen B」（碧皇后）。

但兩年以後再被問到，碧昂絲說：「我不需要Sasha Fierce了，我現在是個成功的歌手，也成長許多，不需要Sasha Fierce來幫我增加自信也可以，所以我把自己和Sasha Fierce合併了[7]。」

面對不同狀況，尤其是需要強大意志的情況（像是面對新的挑戰、遭遇重大挫折）時，創造一個影分身或許有用。影分身在心理學上叫「alter-ego」，即「另一個自己」；可以有不同的個性、不同的人設，幫你做到原本個性做不到的事，稱為「另我效應」（alter-ego effect）。

研究證實，分身的使用可以強化某些面向的表現，例如自尊、自信、動機、毅力。但需要注意的是，過度使用也有認知不一致（如果本體和分身之間差異太大，可能導致認知混淆）、過度依賴分身（時常想用分身解決問題）、期望過高（如認為召喚超人分身就可以無所不能）等風險[8]。

建立韌性兩大關鍵：心智對比和執行意圖

安潔拉・達克沃斯（Angela Duckworth）教授在研究中指出：建立韌性的訓練包括兩項：心智對比（mental contrasting），即在心裡設想達到目標前可能會碰到的困難，和執行意圖（implementation intention），也就是制定克服那些難關的計畫。

研究發現，接受過這兩項訓練的人，自律程度和韌性都提升了，即使遇到困難，他們仍然會持續努力、往目標邁進[9]。這對天生想太多的內向者加冒牌者的我來說真是一大福音，列出阻止目標達成會有的困難根本是我的預設功能，杞人憂天的我可以像ChatGPT一樣列個不停。

所以，現在只剩執行意圖，也就是**針對關鍵困難，設想解決方法並付諸行動**。常見的方法是用「如果……就……句型」，例如：「如果事情同時湧進來讓我喘不過氣，就休息十分鐘，起來走一走、聽一首振奮心情的歌。」

另一個我喜歡的方式，是**建立面對失敗展現韌性的獎賞機制**。曾登上《時代》百大人物、Spanx的創辦人莎拉・布萊克莉（Sarah Blakely）說她小時候，父親會在餐桌上問她和弟弟：「你們今天有碰到什麼失敗嗎？」就像一般人在聊：「今天學校有什麼好玩的事嗎？」一樣。透過這種方式，父親鼓勵他們體驗失敗，建立健康的態度和面對挫折的容忍度。

我家人的職業常需要面對高張力的情境，結果更是一翻兩瞪眼，只差一點就會差很多。我們從某一年開始建立「贏了吃火鍋、輸了吃牛排」的慣例，不管工作上的結果是成功或失敗，我們都會一起吃頓大餐。除了獎勵盡了全力的自己，我們也透過這樣互相提醒**「失敗只是長得比較搞笑的祝福」，同樣值得（或許還更值得）慶祝一番！**

寫這篇文章的此刻，我正看著日本甲子園的比賽。面對全國實況轉播、地方鄉親與校友的殷切期待、輸一場就要回家的單淘汰賽制，都讓這些十幾歲的球員背負極大壓力。在尚未改建前，甲子園車站的天橋上寫著「百分之九十八的高中球員會在這裡失敗，然後，變得更強。」沒錯，冠軍只是沒有輸過的那一隊，其他隊則是變強；**失敗會讓人更強。**

我也很喜歡美國職籃球星，公鹿隊揚尼斯・安戴托昆波（Giannis Antetokounmpo）的一段話。那是在二〇二三年季後賽，公鹿隊首輪就爆冷被淘汰。

賽後記者會上，主將揚尼斯被記者問到：「你覺得這個球季是失敗的嗎？」揚尼斯很明顯地不喜歡這個問題，抱著頭說：「天啊！」他大嘆一口氣後說：「Eric，你去年就問過這個問題了。」

揚尼斯反問記者：「你每年都有加薪嗎？沒有。那表示你每年的工作都失敗嗎？不是。你每年認真工作是為了往某個目標靠近，不管是加薪、讓家人過好一點的生活、幫父母買房子……，你做的一切不是失敗，而是往成功前進。」

「麥可・喬登在NBA打了十五年，贏了六座總冠軍，其他九年是失敗嗎？（不是）所以你為什麼問我這個問題？這根本是錯的問題。運動裡沒有失敗。」揚尼斯斬釘截鐵地說道。

同樣的道理，**人生裡面沒有失敗，我們不過是在往成功前進。**

增強信心、提升自我價值的策略

冒牌者在試圖改變的過程中，勢必會繼續碰到自我懷疑、迷惘不安的時候。在過程中慶祝每個小小的勝利，可以給自己正面激勵，鼓勵自己繼續努力。

拉開一段心理距離，客觀評價

珍有個缺點，就是她只看得到別人的優點。我知道你在翻白眼，這根本不算缺點對吧？如果常看到他人優點，不只多了很多學習機會，也會覺得世界充滿光明，不是嗎？但這讓珍吃足了苦頭。

事實上，因為珍總是真心讚美別人，大家都很喜歡她。但她卻不喜歡自己，因為同樣的原因，「她只看得到別人的優點，看不到自己的長處」。

我長期合作的攝影師也是。她常和明星藝人合作，在世界各地時尚場合出沒；手上的相機像是有魔法一樣，作品總是讓人驚嘆。每天只睡五小時的她，除了攝影之外，還創業、管理團隊、參與社會議題，甚至固定去流浪動物之家當志工，根本是三頭六臂的天使。但她不僅覺得自己不夠好，聽到這本書之後，她第一個反應竟然是「我可能連當冒牌者的資格都沒有」。

聽過達克效應（Dunning-Kruger effect）嗎？心理學家大衛．達寧（David Dunning）和賈斯汀．克魯格（Justin Kruger）研究發現：特定領域能力較差的人，比較會高估自己的能力[1]。用白話文來說，就是「表現很爛的人，通常不知道／不覺得自己很爛」。

所以，以後看到別人做出一些自不量力的行為時，也不要太怪他，因為他自己不知道。事情的另一面就是：表現很好的人，通常不知道自己表現得很好。

換句話說，有冒牌者經驗、覺得自己不夠好的你，在某方面來說已經被蓋章認證了，**「當你覺得自己不夠好的時候，正表示你很好」**。擔心自己能力不足的你，其實已經展現了高度的自我察覺與自我認知能力[2]，而這正是展現卓越的基礎。

可是，自己看自己，跟自己看別人，怎麼會差這麼多呢？

韓國精神科醫師梁在鎮和梁在雄提到，我們往往都只靠特定面向來判斷與尊敬一個人，譬如誰做事很細心、誰工作能力很強、誰一上台就像巨星。但是，這些都不是他們的全部。通常的狀況是，接觸越多就越有機會發現對方的缺點，尊敬的程度就會降低。

我們因為最常接觸自己的內心、想法和決策過程，非常了解自己的弱點，所以尊重自己並不容易。而最好的方法，就是拉開一段心理距離，培養「客觀看待自己」的能力。透過理性觀察自己的情緒，感受外在刺激與自己內在變化的相關性，漸漸地自己做出獨立客觀的評價。

當然，看到別人優點、尊重他人並不是壞事，但重點應該放在學習過程（如進步幅度），而非放在成果（如業績、年收入）。如果對他人的尊重只基於成果，你的自我評價就比較容易傾向負面評價[3]。

面對自我懷疑與羞恥時刻：說出來

布芮尼．布朗（Brené Brown）的對抗羞愧理論（Shame Resilience Theory）中有三個主要構成要素：知道自己正在經歷羞愧、可以從羞愧感中學習經驗並前進、和他人建立更牢固的關係[4]。

如果只做一件事來解決呢？她說：「身為研究羞愧的學者，我知道在羞愧感來襲之際，最好用一個違反直覺的作法：鼓起勇氣說出來！[5]」

「就已經夠羞愧了，還要說出來，這不是逼我們在電梯裡承認放屁的是自己嗎！」你可能會這樣想，但我自己試了之後，發現效果意外地好。

有一次上一個節目，雖然對方事先有提供訪綱，我也盡力準備了，但「五、四、三、二、一」之後，主持人大概有八成的時間都在問訪綱上沒有的問題。偏偏我是應付突發狀況能力超級低的人，那又是個不能暫停的節目，我當下腦袋一片空白，只能盡我所能地見招拆招，或硬著頭皮把答題的方向轉到我熟悉的領域。

訪問結束、走出大樓之後，我馬上轉頭跟團隊用哭腔說：「主持人都沒有照訪綱啦，我剛剛根本胡言亂語，還要被放到網路上，死定了！」趕著安排下個行程的團隊成員，客套地安慰了我一下：「不會啦，剛剛OK啦！」然後就繼續快步前進了。

整件事的重點不是他們敷衍的安慰，而是我說出來以後，突然放鬆了許多，覺得：「好啦！至少有這幾個人知道我的理由（或藉口），如果播出來的效果很差，至少他們知道不是我的問題。」講完後，我也覺得可以放下了。

善用事實，建立你的武器庫

事情發生時，無論你的態度如何、怎麼解讀，一定會有客觀的事實。例如：通過面試、從某次艱難的狀況全身而退、客戶決定下單。桑迪・曼恩（Sandi Mann）博士建議當你的冒牌者經驗出現時，列出這些事實、你的冒牌者想法，以及寫下你為什麼能夠完成這些事情的能力[6]。

【範例一】：

- （事實）我通過那個面試。
- （冒牌者想法）只是僥倖，面試官剛好問到我會的問題，其他人看起來都比我強，他們應該馬上會後悔了。
- （可能的能力）這個職位用得到我過去的相關背景和經驗，而我也有充分準備面試。

【範例二】：

- （事實）客戶下單前狠狠抱怨了一頓。

- （冒牌者想法）他們一定是嫌我的產品或服務不夠好，這次還願意下單可能是時間不夠或是迫於某種原因，下次就談不成了。
- （可能的能力）客戶願意抱怨表示他們認為跟我講有用，不然大可直接抽單，而且仍然願意下單表示我的產品或服務在現階段仍是他們最好的選擇。

身為客觀的第三者，你覺得這兩個案例裡面，如果真要比較的話，「冒牌者想法」和「可能的能力」，哪個占比較大的原因呢？這樣列出來，比較容易給自己多一點肯定。

另外，在平常就可以建立自己對抗冒牌者的武器庫。武器庫可以是一個檔案、一本筆記本或是一個小盒子，只要收到任何稱讚，就把它記錄下來（對，先不要管你心裡的冒牌者怎麼說）。

這些可能是「客戶說很喜歡我挑的中秋禮物」、「老闆說今天泡的茶溫度剛剛好」、「麻吉跟老婆吵架後跟我抱怨，最後謝謝我陪他講話」……。這些不是什麼大事情、放在心裡很容易忘記，所以請打下來、寫下來、存起來，三不五時就打開看看，提醒自己是很棒的。

冒牌者來襲時，這些就是對抗的武器，因為你知道自己做得很棒，而這些都是證明。

類似的概念，你也可以製作自己的武器清單，列出你的「優點」（像：友善、充滿創意）、「成就」（像：學會用ChatGPT幫忙寫律師函）、「厲害的地方」（像：早上五點半就起床）、可以幫忙別人的地方（像：換燈泡），這些會提醒你的自我價值，幫助你看見自己的長處。

成長心態，慶祝小小的勝利

「成長心態」（growth mindset）是指一個人相信自己的才能可以透過努力工作、良好策略和他人的投入而得到發展[7]。簡單來說，擁有成長心態的人，會傾向相信自己有改變的能力。

對冒牌者來說，這種「動態」的價值觀很重要，因為這是幫助你離開冒牌者經驗的重要心態：事情是會改變的，而我可以造成這些改變。要培養成長心態，卡蘿・杜維克（Carol S. Dweck）教授建議幾種方法：

1 **擁抱困難：**把困難視為改變、進步、自我提升、增加抗壓力的機會，而不是阻礙。

2 **學習導向：**把重心放在過程與學習，而不是只關心目標達成了沒。

3 **重視努力與毅力**：只要付出努力、持續朝目標前進，就值得鼓勵，透過持續不斷的付出，能力是可以改變的。

4 **強調「還沒」**：能力是可以學習的，不是「我不會」，而是「還不會」。

5 **在家庭、學校、職場上建立成長型文化**：鼓勵嘗試、努力、持續精進，而不僅是強調天賦與結果。

冒牌者在試圖改變的過程中，勢必會繼續碰到自我懷疑、迷惘不安的時候。在過程中慶祝每個小小的勝利，可以給自己正面激勵，鼓勵自己繼續努力。至於怎麼做，我是從日劇《為你綻放的花》中得到靈感。

劇中，男女主角各自都在自己的冒牌者經驗中奮鬥，他們約定彼此支持，如果覺得對方什麼事情做得很棒，就會在對方的手掌上畫一朵花。乍聽之下實在是太肉麻，但想想其實也不一定要這麼親密地做些什麼，就可以收到同樣的效果。

好市多的驗貨員只要看到孩子，總會在發票背面畫隻小動物或小花當作禮物。只是幾秒鐘的動作，但拿到的人都會綻放出燦爛的笑容。同樣的道理，可以跟同事、朋友約好互相鼓勵，傳個貼圖、在ＬＩＮＥ上面送杯咖啡或一句簡單的訊息都可以。

當然，我們可以自己鼓勵自己。「老闆說我這個案子做得很棒的時候，我沒有否認，而是帶著笑容說了『謝謝老闆』。因為自己做得很棒，所以喝一杯珍奶當作慶祝吧！」這樣的話，即使沒有其他人，我們也可以自己給自己力量，繼續走下去。

在正面對決自我懷疑、建立信心、增強自我價值的時候，你或許有時候覺得有所進步，有時候卻覺得像在逆風中划船一樣，進一步退兩步。冒牌者經驗是動態的，你的環境、生活經驗與感知也都是動態的。美國知名演員丹佐・華盛頓是這樣說的：「往前跌倒吧！每次失敗的經驗都是邁向成功的一步。」（Fall forward. Every failed experiment is one step closer to success.）這不是一分耕耘一分收穫的事，重點是持續努力。

社群媒體排毒，有助於減輕冒牌者症狀

我重新安排手機上ＡＰＰ的順序和設定，把社群ＡＰＰ從主畫面移除、關掉所有通知，全程花不到十分鐘。但神奇的事情發生了：第二天我的手機螢幕時間當場降低一半！

不知不覺社群媒體成癮了

我在Meta（臉書）剛開始的時候就加入了，我還記得那是在研究所「運動法律」的課堂上。但為什麼同學們要在課堂上加臉書，我實在想不起來了。每次看到過去的動態回顧時，會一邊想著：「啊，已經幾年了啊！」一邊謝謝有科技幫我把回憶保留下來。我喜歡滑滑手機就可以知道朋友在幹嘛、世界上發生什麼事。

直到有天發現，我有很嚴重的社群媒體成癮。不用經過醫生判斷，自己就已經知道這樣不行了：我每十分鐘會拿起手機看社群媒體，把Meta（臉書）、IG、X（前身為推特）、LinkedIn（領英）全都巡過一遍，看有沒有新的貼文或限時動態，然後重新整理email信箱，就算是廣告信，我也要在第一時間知道。

巡完三個臉書帳號、兩個IG帳號和X，大概十分鐘之後，我又會不由自主地把全部流程再走一次。吃飯、等紅綠燈、等上菜、吹頭髮，甚至工作到一半時，我都會下意識地拿起手機滑滑滑，活像需要換氣一樣（對，我剛剛又看了一下）。

有人說這是FOMO（fear of missing out，錯失恐懼症，患者總感到自己不在時可能發生非常有意義的事），有人說這是網路世代的文明病。我自己知道，這就是上癮，根據維基百科的定義，就是「一種重複性的強迫行為，即使已知這些行為可能造成的後果，仍然持續重複」[1]。

我也知道這樣不好，對視力和真實世界人際關係的影響先不說，光是自己的時間和能量使用就很沒有效率；況且，我實在想不出整天滑手機對人生有什麼幫助。

社群媒體使用程度越高，冒牌者經驗越嚴重

更慘的是，這讓我的冒牌者經驗更頻繁地出現。我的生活經驗，剛好印證克莉絲汀・蜜雪兒・卡特（Christine Michel Carter）在《富比世雜誌》上的說法：千禧世代[2]是最容易有冒牌者經驗的一群，這群人是第一代剛進職場就要整天使用網路和email的世代，加上科技和數位化在他們進入職場時快速演進，隨之而來的資訊焦慮、社會壓力和社會比較，讓他們比其他世代更容易有冒牌者經驗[3]。

千禧世代距離現在都是中年或微中年了，但年輕的世代受社群媒體影響的程度依然明顯。

研究指出，社群媒體使用會強化大學生族群同儕比較、改變自我認知[4]；米斯哈（Mishra）和克瓦拉曼尼（Kewalramani）的研究更進一步指出十八至二十五歲的族群中，**社群媒體使用程度越高，自我懷疑程度和冒牌者經驗也越嚴重**[5]。可能的原因是社群平台上大多分享修飾過的光鮮亮麗時刻或成功經驗，經常性地接觸別人看似美好的生活經驗，會導致不公平的比較，進而進入冒牌者經驗。

我常點開社群媒體就會看到朋友中誰又出書了、誰又開了什麼線上課、誰這個禮拜又

讀了幾本書、誰又去學了什麼充實自己。而我呢，此刻還穿著邋遢地坐在家裡，跟未讀信件痛苦地奮鬥著掙扎著，實在想不出自己有什麼地方比得上他們。

另外，社群媒體強調行銷自我，使用者會感受到維持某種形象的壓力，這種形象和真實生活間的落差，也會讓冒牌者經驗加劇。在抖音上有十幾萬追蹤者的美國時尚網紅貝拉．傑拉德（Bella Gerard）直言自己的照片在上傳之前會經過至少三種軟體，「真實生活中的我，永遠比不上那些照片」[6]。

正當我不知道要怎麼改變這一切的時候，朋友石田先生出現了。他是演員，最新電影作品前陣子才上映、新拍的電視劇也接著要上檔，照理講應該是要瘋狂宣傳的時候，但他老兄似乎總有辦法活在自己的節奏裡。社群媒體幾乎沒有更新就算了，他常常好幾天，甚至幾個禮拜都沒上線，浮出水面也是傳些大自然、釣魚或農業的照片。

跟我聊天時，他會笑著說：「我去哪裡潛水或耕作了，那邊沒有網路。」我看著他安排生活的方式，相較起被重度制約的我，真羨慕這樣自由的靈魂。

「妳只是上癮了，」他說：「要正確使用社群媒體沒那麼容易，還是盡量減少吧！」。

「可是我們的工作是要宣傳自己啊！」我試著辯解，好像我才是明星一樣。

「妳如果認真檢視自己在社群媒體上的行為，會發現其實大部分的時間都是在浪費。

就算需要發文或回覆訊息，搞不好一天十分鐘就可以做完了。」被這番話當頭棒喝的我，開始按照他建議的方式，把社群平台APP從手機裡刪除、把手機放得遠遠的，有意識地遠離。

但是，如果你跟我一樣嘗試過數位排毒，你就會知道這沒有想像中的簡單與容易維持。尼爾・艾歐（Nir Eyal）、李茱莉（Julie Li）在他們的暢銷書《專注力協定》中提到：這是因為我們大腦的預設值就是不滿足和不適感。不管你經歷了多麼快樂（或我們以為會帶來極大快樂）的事情，你的滿足程度很快就會回到基礎線[7]。

所以，不管你才剛從網路上得到多少刺激，你馬上又會覺得無聊、想找新刺激了。

時間花在哪裡，你就是什麼樣的人

有句話說：「時間花在哪裡，成就就在哪裡。」看完詹姆斯・克利爾（James Clear）的暢銷書《原子習慣》之後，我認為：「你覺得自己是什麼樣的人，時間就會花在哪裡。」[8]

你每天的時間是怎麼花的，取決於你覺得自己是怎麼樣的人，例如你覺得自己是樂於貢獻的人，就會花時間在工作和生活上幫助別人；你定位自己是熱愛運動的人，就會經常花時間在運動上，這就是你的價值觀。作家羅斯．哈里斯（Russ Harris）說價值觀是「我們想要成為什麼樣子、想要支持什麼，還有想要跟社會產生什麼連結。」[9]。

那麼，你覺得自己是什麼樣的人呢？最主要的定位，應該不是「社群成癮的人」吧？尼爾．艾歐和李茱莉以心理學理論和實證結果為基礎，建議第一件要做的事是：為自己的價值觀騰出時間。然後，為你自己、為重要的人（家人、好友）安排時間，先把這些時間塞進你的週計畫表裡面。「我們會根據自己是什麼樣的人而做出選擇！」他們說。

瑪莉．佛萊奧也在她的著作《凡事皆有出路》中建議類似的作法：「先創造，再吸收」，意即先把時間花在創造你想要的生活和工作。

譬如，需要澄清的思緒，所以每天先排十分鐘冥想；需要活力與體力，所以再排十五分鐘運動；需要想個企畫爭取大客戶，所以花二十五分鐘專心在這個專案中。當這些優先的事情做完之後，再讓自己接收資訊（如上網、看新聞、電子郵件等）[10]。

移掉手機上的社群APP

我的客戶和工作團隊跨了世界上大部分的時區，無論幾點，世界上某個地方總有人在等我回覆。剛開始時我不知道怎麼辦，甚至有段時間會自動在凌晨三點起來回覆郵件；看到未讀信件就會不自覺想點開，然後一回神發現已經工作到天亮了。

不只柯比・布萊恩（Kobe Bryant，傳奇NBA球星，生前保持每天清晨出門訓練的習慣）[11]，我也看過很多次凌晨四點的樣子，但這一點都不健康啊（苦笑）。

後來看了瑞典精神醫學專家安德斯・韓森（Anders Hansen）的著作《拯救手機腦》，才知道這些根本是自找的。電子信箱裡用粗體標示的未讀郵件、通訊軟體上用紅色圈圈標示的未讀訊息、社交平台上的未讀動態，都是經過精心設計的機制，希望你注意它們，並花更多時間在這些APP上[12]。

手機螢幕的藍光還會抑制褪黑激素的分泌，睡前滑手機，或睡到一半用手機看訊息，會讓大腦誤以為是白天，難怪我的睡眠品質越來越差。

我按照尼爾艾歐和李茱莉的建議，重新安排手機上APP的順序和設定，首頁只放實用性的APP（如地圖、電話、記帳、叫車）、把社群APP從主畫面移除、關掉所有通知，全程花不到十分鐘。

但神奇的事情發生了：第二天我的手機螢幕時間當場降低一半，而且大部分是用在處理郵件（工作）或是聽podcast（學習）！

建立健康工作模式，不用急著回覆

工作怎麼辦呢？全世界還是有人引頸盼望我的回覆、工作群組的訊息還是一直進來、專案管理軟體也不斷傳送更新啊！這跟職場文化與組織對員工的期待有關，已經超過我個人能力範圍，我決定誠實地和主管討論。

很慶幸，我的公司重視心理健康，也沒有要求員工隨時待命的文化，主管更是多次強調：「我不要任何人燃燒殆盡」（burn out）。跟主管討論後，我們決定出一套機制，把客戶分類，第一類要在二十四小時回覆、第二類在四十八小時內回覆等，大量降低我需要維持保持「零未讀信件」的壓力。

主管也讓我知道：「不是立即回覆才表示積極，有些事情本來就需要時間，急著在第一時間回覆未必是好事。」基於這樣的價值觀，我也試著把處理工作郵件和訊息的時間集中（如一天只處理四次郵件、每半小時一次統一回覆線上訊息），為自己創造更多不被打擾的時間，也漸漸地不會在半夜自動驚醒。

回到社群媒體，如果真的忍不住想要看看別人的動態。美國精神科醫師安娜・倫伯基（Anna Lembke）博士說：等十分鐘吧！根據她的說法，各種愉悅的刺激（如上網、吃鹹酥雞、玩手遊、吸毒）會讓大腦分泌多巴胺，這種愉快的感覺讓人無法自拔，導致各種上癮。但好消息是大腦的自然機制會讓內分泌平衡，如果你吃了一片巧克力蛋糕，覺得身心愉悅，忍不住想再繼續吃，最好的方法是等一下，等大腦的多巴胺恢復平衡到平常的基準後，你就不會那麼想吃了[13]。

所以，想再看一支Youtube 影片、再開一瓶啤酒、再追幾集劇之前，等個十分鐘，可能就會有意想不到的好處。對了，石田先生說新的社交平台Threads（串串）比較不容易上癮，我也這麼覺得，但可能是因為我在上面根本沒有什麼朋友吧，哈哈。

試著減少社群媒體的使用，或許，你會發現自己的冒牌者症狀也跟著減輕一些了呢！

負負得正的冒牌者聯盟

在生活上、職場上，對於有冒牌者經驗的人來說，可以接住你，或在你還沒滅頂時拉你一把的人重要無比。重點是，他們可以幫上忙。

享受一趟確信會搞砸的出差？

寫這篇文章的時候，我剛從日本的宣傳之旅回來。那是疫情後我第一次出國宣傳，也是日本的出版社在疫情之後第一次邀請國外作者。

在漫長而謹慎的籌劃過程中，我們雙方都既興奮、又有點緊張。好吧，或許他們只是有點緊張，但我其實是焦慮到爆炸了。整個疫情期間，我幾乎沒有到過別的國家，就算有，也是在小範圍、高度控制的環境中度過（像是關在一個度假村裡，跟同一群同事開年度共識會議）。

這是第一次要實體面對上百人公開演講、拍照、簽書、輪番接受眾多媒體採訪。光想到那麼多人、那麼多事，又是在一個語言不通的國家，我就掌心冒汗、心跳加快。

「整個禮拜的行程，一定會有哪裡會搞砸。」我反覆看著行程，試圖找出所有可能或出錯的環節，然後想著可以怎麼先做好準備。但事情總是這樣，不去想還好，越想就越覺得這個也沒準備好、那個也可能出錯……。

終於在出發前三天，我崩潰了。我覺得我一定會失敗，他們會發現我很爛，順帶覺得台灣的職場作家就是這種水準。

幸好，我知道這是我的恐懼，我也知道有一個人一定會很認真地陪我面對這個恐懼。雖然覺得很不好意思打擾他，但我還是做了一件我覺得正確無比的事——我在ＩＧ上傳了訊息給他，向他求救。

先說一下這個朋友好了，他是職業棒球選手，在美國、台灣的職棒體系都打過。我們認識很久了，他跟我一樣是內向者，也時不時會有冒牌者經驗，但他顯然比我堅強許多。

很多我覺得讓生活天翻地覆的事，譬如在網路上被罵得很難聽，或是因為不想被認出來，所以不敢去餐廳吃飯，他在很年輕的時候都經歷過了。所以，他總可以在我覺得脆弱時給我建議和力量。

那個我確信自己一定會搞砸的晚上，我傳了訊息給他。他耐心地跟我說：「沒有那麼困難，妳一定會做得很好。我知道妳會想要做好再來說，但其實妳只是不想讓別人看到自己努力的樣子。我懂，因為我也是這樣。妳一定沒問題的，開心地去享受吧！」那段話我咀嚼再三，打從心底感激有個這麼懂我的人。

如果換做別人，他們或許會說：「你想太多了啦，哪有這麼嚴重。」或「與其在這邊擔心，把這個時間拿去準備，你早就準備好了。」但這位好朋友不一樣，他懂我的焦慮、知道我都是考慮再三之後才會「打擾」他，所以只要看到我的訊號，他都會接住。

在你還沒滅頂時，求援吧！

在生活上、職場上，對於有冒牌者經驗的人來說，這樣可以接住你，或在你還沒滅頂時拉你一把的人重要無比。他可能是你的同事、老闆、客戶，也可以是諮商師、某個成長團體、老朋友或是鄰居，重點是他們可以幫上忙。這些人通常會用下面這些類型出現：

• 原本就熟識的人

這些人了解你，甚至認識你很久，知道你脆弱時候的樣子，也有辦法在必要時候給你力量，布芮尼・布朗叫這種人做「會幫你搬屍體的朋友」[1]。

因為是已經熟識的人，信任程度通常比較高；但也因為是熟識的人而非專業人士，有時會受對方的狀況（如情緒、精神狀況不穩定）、彼此利害關係（如對方是你信賴的主管，但他的出發點可能比較從公司角度出發，而不是以你為中心思考），也會讓支持的效果不穩定。

• 職場導師

職場導師（mentor）在歐美比在台灣流行，簡單來說就是在知識、歷練、經驗上比你豐沛，可以給你中肯建議、指導的人，有點像「師父」的角色。因為長期熟悉你的個性、狀況，職場導師可以在冒牌者症狀出現時給予協助。需要注意的是，職場導師通常是位階比你高的前輩，他們通常時間有限，可以在大方向上給予指引，但沒辦法講太多執行細節或有時間聽你娓娓道來。

記得明確提出你的問題、需要的協助，尊重彼此的時間，職場導師才可長可久[2]。如何建立職場導師相關系統，請見「沒有人是一座孤島！發展組織中的支持體系」（第一七五頁）。

●職涯教練

通常在職涯碰到轉折，如換工作、剛加入新團隊、接新專案、剛當上主管時，冒牌者症候群會出現的機會較高，也較頻繁。職涯教練（coach）可以在這種階段幫助你做好事前的準備，還有轉換中的調適。

職涯教練的概念在亞洲比較不流行，但在歐美國家，職涯教練是上網就可以找到的資源，而且費用很透明。在台灣，較大的平台是「104高年級」（編按），可以在平台上根據產業、需求，找不同的教練聊聊。如果在你的國家或區域暫時較難取得這個資源，可以先求助於其他類別。

●精神健康領域專業人士

心理諮商師、心理醫師等精神健康領域專業人士，和職涯教練不同的是，諮商師通常較擅長解決長期、整體的狀況，如焦慮、童年創傷等；職涯教練較專注於解決短期內的職場變化。

諮商師和醫師或其他專業人士一樣，有時候要看緣分，不一定有名氣、費用高、難預約的諮商師就一定有效，對別人有效的諮商師也不一定對你有效。諮商師也有各自不同的諮商技巧與派別，可以多試試看再決定。

近年來，不少諮商師也都積極打造個人品牌，也有不少出版作品，可以透過他們的書，看看是否跟自己「氣味相投」。有些地區的諮商可以提供線上服務，讓諮商方式更為彈性，而且選擇更加多元。

• 支持團體

無論是網路上或實體，安全、可信賴的支持團體都是一個不錯的管道。我五年多前創辦的臉書社團「內向者小聚場」，目前的成員已經有兩萬多人，是內向者們展現脆弱、提出問題、尋找類似困境的解法，或單純取暖的地方。從這個大社團中也分出LINE群組或地區性的小團體，彼此建立更緊密的支持關係。有冒牌者經驗的人，除了團體諮商外，也可以找類似團體尋求支持。

總之，在強化自己之後，也要幫自己建立天網。用系統性的力量，當自己意志不堅或狀況不好時，可以讓自己維持在相對穩定的狀態。

回到故事開頭我的日本行，一個禮拜滿滿的行程下來，我搞砸了幾次呢？「一次都沒有」。雖然自己這樣說很不好意思，雖然也可能是大家表面上的恭維或我的誤會，但無論是破個人紀錄的連續七小時訪問馬拉松、遠離舒適圈在原宿街頭拍照，或是觀眾人數創下新高的實體和線上演講，每個行程都順利完成，而且大家都很開心。

主辦單位非常滿意、我收到滿滿的正面迴響外，在行程都還沒跑完之際，就有日本的經紀公司要來討論簽經紀約的事，「妳是我們第一個想簽的亞洲作家。」他們這樣說。

如果從結果來看，我那位職棒好友扮演了關鍵角色。有趣的是，他也會有自我懷疑、覺得越做越沒信心的時候，我們約好了，只要碰到這種時刻，我們就要互相幫忙。

看來，負負得正這個公式，在冒牌者聯盟裡面是完全成立的。現在就去找你的盟友吧！

編按：掃描QR code，造訪「104高年級」網站。

沒有人是一座孤島！發展組織中的支持體系

預防團隊成員陷入冒牌者經驗，最直觀的方法就是先幫同仁建立支持網絡，並確保取得支持的管道暢通且障礙不高。

給予實質支持，建立職場導師系統

冒牌者經驗不僅在個人層面有影響，在團隊／組織層面也不是好事：冒牌者經驗會讓人傾向掩飾真實狀況、把目標訂低、難以激勵，最終可能導致團隊生產力與工作效率下降、士氣低迷、成長受限（「冒牌者如何影響工作表現和職涯發展？」，見第八六頁）。

小組、部門、公司都是人的集合體，如果團隊中有成員經歷冒牌者體驗，勢必會影響到整體表現。因此。除了個人層面的努力之外，站在組織立場（例如身為企業主、主管、人資），如何預防、支持、協助成員克服冒牌者經驗，也是維持團隊戰力的重要面向。

就從組織面降低冒牌者經驗來說，預防勝於治療。當你發現團隊成員陷入冒牌者經驗時，所花費的成本通常都已經比較高了。而預防最直觀的方法，就是先幫同仁建立支持網絡，並確保取得支持的管道暢通且障礙不高。

組織層面常見的支持網路，包括職場導師、同儕團體等。職場導師在上一章稍微提過，個人用自己的資源尋找職場導師之外，由公司在組織內分配職場導師的作法，也已經在歐美行之有年。通常新進員工加入團隊時，會被「分配」一位較資深的員工作為職場導師。

職場導師不一定要是主管，但必須要對擔任職場導師有興趣、具備某種程度的溝通技巧（如聆聽、引導、給予回饋）、具備足夠經驗和知識與某些特質（如耐心、不會太快下定論）[1]。

《哈佛商業雜誌》建議分配職場導師時應避免直屬主管[2]，以免在工作關係上有利害關係而無法開誠布公地討論，反而失去效果。職場導師可以選在相關部門的資深員工，因為需要對新進員工的工作有大概了解，以提供具體協助[3]。將職場導師制度正式納入新人訓練中，並由公司提供大方向與建議方式（譬如設立共同目標、多久見一次面等），有助將這段夥伴關係正式化。

公司在配對職場導師時，也應避免刻板印象。我曾聽一位亞裔女性在初入職場時，被分配到一位亞裔男性的職場導師，但「那完全是一場災難」。她說：「他除了一直說我穿衣服不得體以外，完全沒有幫助。我懷疑公司是不是只是因為我也是亞裔，就把我分配給他。」性別、族群、性向等，都是應該避免刻板印象的領域。

理想中的職場導師制度，應該是職場導師和被指導的資淺同仁（mentee）都會受惠：資淺同仁可以從職場導師學到經驗與智慧，職場導師也可以透過分享，重新檢視溝通和決策過程，訓練領導與決策能力[4]。

同儕團體通常依公司規模與制度而有所不同，我見過不少女性比例偏低的科技公司成立女性同仁社團互相支持。雖然是志工組織，但我親身參與過不少活動後，發現在他們公司大力支持及志工們付出下，都做得有聲有色。

主管可以怎麼做？

除了職場導師和同儕支持團體，公司不同部門與層級的人員，也可以在各種層面扮演預防系統的角色。職場教練媒合平台Zella Life提供幾個主管可以協助團隊成員降低冒牌者體驗的方式[5]：

• 定期提供具建設性的回饋

根據解決方案isolve公司在二〇二二至二〇二三年的調查，五十二%受訪者表示：定期和主管會談有助於降低他們的冒牌者經驗[6]。主管可以主動訂立定期一對一面談的時間，確保同仁有安全的溝通管道，在一對一面談時間，主管可以用來提供回饋、回答問題與經驗分享。

建設性的回饋可以是各層面的，包括工作成效、執行方法、溝通方式、團隊合作機制等，主管的建議不僅可以給同仁方向，也可以讓同仁得到「主管要我這樣試試看」的正當性和鼓勵。

面談過程中，也可以納入冒牌者相關討論，將冒牌者經驗正常化，說明「大家都會碰到，不是只有你這樣」[7]。主管若分享自己的經驗、脆弱與不安全感，有助於建立團隊間的信任。（詳見「主管不必當超人」，第二五七頁。）

•鼓勵成長心態的文化

許多冒牌者經驗都源自於「不夠」，由主管鼓勵成長心態的文化，會讓同仁了解現在不夠不等於永遠不夠，而改變的能力掌握在自己手上。鼓勵學習（例如鼓勵分享和提問、有問必答、支持團隊成員持續進修）、鼓勵嘗試（如有新方法、新工具、新機會就去嘗試）、把失敗視為學習機會、獎勵進步，都可以促進成長心態的文化[8]。

•給予下屬更多自主性

根據解決方案isolve公司在二〇二二至二〇二三年的調查，五十三％受訪者表示：提高工作上的自主權有助於降低他們的冒牌者經驗。處處緊迫盯人的微觀管理（micromanagement）通常會讓下屬增加焦慮感，導致冒牌者經驗增加。若能給予更大的自主空間，讓下屬更有主導權，不只可以增加他們投入的程度，也可以訓練管理技能[9]。

人資可以怎麼做？

人資是站在更高的層級，導入健康的工作模式與體系，從制度面來防範冒牌者經驗：

●鼓勵進步而非競爭

《哈佛商業雜誌》建議，訂定目標時的標準用表現、成長幅度、個人發展（如比自己上季業績多十％有獎金），而非競爭與比較（如部門業績前兩名有獎金）有助於減少團隊中的冒牌者經驗[10]。專業人資媒體ＳＨＲＭ也建議建立鼓勵團隊合作（如訂定跨部門團隊目標、鼓勵互相幫忙）的機制，以此降低團隊成員冒牌者經驗發生的頻率與強度[11]。

●設計正面回饋機制

建立系統性的機制鼓勵正面回饋，也讓同仁間彼此提供正向回饋的障礙降低。例如：在內部溝通／專案管理平台上加入回饋功能，讓同事之間可以分享正面回饋，如「謝謝南西幫我找簡報時的數據，客戶說數字很清楚」，並讓團隊知道[12]，這樣會比期待團隊成員之間產生化學效應來得好，而且有助於追蹤管理。

• 鼓勵主管、一對一面談、提供教育訓練

「我們叫大家在職場上做原本的自己就好，但卻不一定給他們相關的權力。」人力資源軟體公司Ceridian全球多元化總監唐布拉・麥可連敦（Donnebra McClendon）這樣說[13]。每個人的冒牌者經驗都不盡相同，許多主管和職場導師即使盡心盡力想幫忙，但本身並未具備相關知識與敏銳度，足以做到察覺並應對。人資部門若可以提供相關教育訓練，則有助提高相關意識與應對技能。

如何發現冒牌者徵兆？

如何發現冒牌者徵兆？通常是最困難的一環，加拿大人資平台《HR Reporter》調查指出，因為擔心被視為能力不佳、怕丟臉、怕被不當一回事、怕其他人知道等原因，冒牌者通常不會主動承認[14]（也對啦，不然叫正牌者就好了啊！），所以更仰賴他人細微的觀察與主動出擊。以下幾個行為，有可能是冒牌者經驗的徵兆，可以在細微處多加觀察、注意：

●自我貶低和過度謙虛的行為

處於冒牌者經驗中的人，傾向低報自己的成就、低估自身的能力。如果發現自我貶低傾向，好比他們接受誇獎時，傾向歸因於外在因素（如運氣）而不是內在因素（如自身能力或努力），這就是冒牌者經驗的徵兆。

●完美主義傾向

完美主義和冒牌者經驗不一定完全劃上等號，但兩者通常高度相關、容易手牽著手出現。當你發現同事設立高到完美的標準、來來回回只為把最細微之處都修到最好，甚至因此遲遲無法把工作收尾時，這可能就是冒牌者的徵兆。

●害怕失敗或不想接受新挑戰

被交付新任務時，如果常聽到「可是」、「如果……怎麼辦」的句型，也是一個徵兆。面對未知和挑戰，心裡有擔憂、不安或懷疑是正常的；但冒牌者的擔憂，通常是害怕因為能力不足、經驗不足、不夠格而導致失敗。

害怕失敗跟風險管理不一樣，害怕失敗是「我覺得我做不到」（內部歸因），而風險管理是「我們現在因為某種環境條件，可能做不到」（外部歸因）。如果發現團隊成員總是擔心因為自己而導致失敗、不想接受新挑戰，就要提高警覺。

● 過度準備和過勞跡象

會出現過度準備和過勞跡象，這種人通常都是模範乖寶寶，交付任務都說「好」，事情再多都說「沒關係」；通常主管也會不覺有異，因為他們也總是可以漂亮地完成任務。表面上雖然都是達成目標，但他們卻是最容易因為要求自己使命必達而引起冒牌者經驗的一群，並且缺乏自覺。主管可以透過詢問具體資訊，例如：「這個簡報你昨天花了多久做？」、「做到幾點？」來了解同事是否有過度準備和過勞的跡象。

英國詩人約翰．多恩（John Donne）在一六二四年的詩作中寫道：「沒有人是一座孤島，可以獨自完整；每個人都是廣闊大陸的一部分。」（No man is an island, entire of itself, every man is a piece of the continent, a part of the main.）這句話或許正好可以說明冒牌者們在組織中的樣態，他們是廣闊大陸的一部分，卻常覺得自己是一座孤島。

如同唐布拉．麥可連敦所說：如何在公司整體文化上改變，讓大家都覺得被支持，正是公司領導階層和人資必須要自我「重新編碼」（reprogramming）之處[15]。

現代社會中，組織的型態越來越多樣化，但有些事情確實是員工在個人層面難以到達，需要靠組織力量來協助的。如前篇中所述（「為什麼我會這樣？冒牌者的常見原因」，見第四六頁），自雇者的冒牌者風險比在組織中就業的人高，恰巧說明組織力量在冒牌者經驗的預防、支持與克服的重要性。

塑造注重心理健康的文化，並提供相對應的資源支持，雖然短期內不會在財報上展現效果，但長期來說可以維持團隊穩定度。

Part 4

冒牌者不再是職場成功的絆腳石

「很高興認識你，你從事什麼工作？」

我不喜歡社交場合、不喜歡在短時間跟一堆人交換名片，也完全不喜歡要在五秒內介紹完自己的工作（諷刺的是，我還是職場書作者呢！）但這句話不斷地出現，彷彿大家透過認識工作來認識我，而我只等於我的工作一樣。

其實，不能說他們不對，我們每天至少有三分之一的時間在工作，你現在拿起這本書，也是想著怎麼改善你的職場體驗吧！

工作關係到收入、成就感、自信，甚至人生的意義，更何況，充滿壓力和競爭的職場是冒牌者們最有可能受到強烈衝擊的情境之一。

剛到新環境的時候、老闆交派大任務給你的時候、和重要客戶談判的時候、談加薪的時候、面試到最後一關的時候……，職場上冒牌者經驗會出現的情境不勝枚舉。

沒關係，我們一步一步來。

菜鳥、格格不入、才華不足的冒牌者

如果你是實習生、新鮮人或剛加入一個新團隊／新公司，請好好把握這段可以名正言順地說：「我還不懂、我還不會！」的時光。

打從心裡覺得自己配不上這一切

《富比世雜誌》是世界頂尖商業雜誌之一，每年會遴選業界指標獎項，如Forbes 30 under 30、全球一百位最有影響力女性（world's 100 Powerful Women）[1]。

我曾經在四個月內登上兩次《日本富比世雜誌》，除了政治人物之外，聽說是第一個達成的台灣人。

第一次刊登時，日本總編在深夜裡傳訊息來說紙本雜誌在幾天內銷售一空，連二手網站都買不到；第二次專訪時，根據內部員工說法，「幾乎創下網站有史以來最高點閱紀錄。」我完全明白原因不是我，「是因為那集有近藤麻理惠（日本收納女王）吧？大家都在關心她生了三個小孩之後有沒有放棄整理。」、「那是因為我跟總編對談吧？總編是神祕的角色，大家可能比較好奇他的故事。」

在《日本富比世雜誌》、經紀公司、出版社都興奮恭喜我的時候，我苦惱著要怎麼跟大家解釋比較好。在美國以作者身分接受訪問時也是，我總是神經緊繃、戰戰兢兢地擔心自己哪裡搞砸，毀了台灣作者這塊招牌。在「為什麼我會這樣？冒牌者的常見原因」中（見第四六頁），曾講到在某些情況下的某些族群，特別容易受冒牌者經驗攻擊。

當時的我就是血淋淋的例子：沒有經驗的新人、團體中的少數（台灣作者）、在強調創意的產業（寫作），第一次當作者的我，曾經怕到不敢簽書，也只敢自稱是「賣書的人」，因為我打從心裡覺得自己配不上這一切。

布芮尼．布朗講的狀況，一一驗證在我身上：我覺得別人都很好、只有我這樣（個人化）、我覺得自己有問題（病態化）、感到丟臉（強化）[2]。

即使到了現在，三不五時還是會陷進這種感覺裡，但我試了許多方法，雖然不能說已經爬出來了，但希望這段經驗，可以多多少少幫助到你。

把握期間限定的新人免死金牌

如果你是實習生、新鮮人或剛加入一個新團隊／新公司，請好好把握這段可以名正言順地說：「我還不懂、我還不會！」的時光。

這可能跟你想的不一樣，因為你想要快速融入環境、想要證明你的即戰力、展現過去的經驗或人脈可以派上用場、為自己爭取更好的機會。大家都想要一登場就驚艷四方，被視為前景閃亮的怪物級新人；但說真的，這種錯誤的期待只會讓你的冒牌者經驗更嚴重。

一般來說，熟悉環境大概需要三到六個月[3]，一年左右才會覺得自己上手或有餘裕處理大部分的狀況[4]。

我在Google工作的朋友說，Google在到職前六個月「完全不要求工作表現」。因為他們知道大家都想進Google、好不容易進到Google一定會迫不及待想證明自己的價值，所以公司明文規定大家在那半年的時間「好好當個新人」。那是要做什麼呢？「想參加什麼會議就去、想試什麼就去試，總之就是到處看、到處學、到處問問題。」朋友說。

當然，不是每個公司都像Google給新人半年的時間，但沒有一家公司會要求新人跟老手一樣，主管跟同事也都了解這一點。想想看，就算一個經驗老道的修車師傅從A車廠轉到B車廠，即使技能可以百分之百轉移，他還是要花時間熟悉不同的動線、流程、工具位置、團隊分工、企業文化，更何況大部分的工作都不是從A地移到B地而已。

身為新人的你，主要工作內容就是：問問題（相信我，主管沒時間常問「哪裡有問題」，你主動問問題就是幫了他大忙）、幫忙別人（請愛用「有什麼我可以幫忙的嗎？」）、接受幫忙（身為新人，不懂是正常的）和學習。對自己有點耐心，把重點放在「每天充分學習、積極進步」，而不是「我還差別人多少」。

事實上，新人的「還沒進入狀況」有時是個強大的優勢，因為可以用全新的眼光看待一切。我就曾經聽某公司的總經理跟新進產品專員說：「我在這個產業待太久、一切都太習慣了，你看到什麼、有什麼想法就跟我講，我需要你的角度。」好好利用這段時間吧！

不只跟別人一樣適任，你還很特別

蜜雪兒．歐巴馬在《我們身上有光》一書中描述她剛進法律事務所工作時看到的女性主管們：她們負重前行、在男性主導的環境中當上國際律師事務所的合夥人，工作上一絲不苟、無比堅韌，幾乎隱藏所有私生活，沒有任何溫暖交心的空間；甚至有年輕女性進入團隊時，這些先驅者會用更嚴格的眼光檢視後進，因為「她出包等於全部女性都出包」[5]。

蜜雪兒也描述她進入名校普林斯頓大學就讀時，校園裡「非常白、非常男性」[6]，她幾乎找不到長得像她的人；而大家第一次看到她的表情裡，都隱藏著一種「妳怎麼會在這裡」的驚訝。

如果你是團隊中的少數，在覺得自己不屬於這裡之前，請先看一下你在哪裡。對，**你已經在這裡了，所以你跟其他人一樣有資格。**

然後，請想想：「自己為什麼會在這裡？」你會在這裡一定有原因，不管是公司薪水很好、想挑戰自己、想學習相關領域的經驗，就算是爸媽叫你到親戚的公司上班，你也是因為某種理由才會答應。不是一陣怪風把你吹過來，所以不要再想「我怎麼會在這裡」了。想著你來的理由，好好記在心裡。

再來，這裡不是奧運，你不用為國爭光或代表任何群體，你只代表你自己。我是花了好久的時間才想透，原來我們都把自己的責任看得太重了。「我是團隊裡第一個、也是唯一的女生／男生／原住民／台灣人，如果我撐不下來，表示女生／男生／原住民／台灣人做不到」，這樣想的話，無疑只會增加自己的壓力。

沒有人要你把國家興亡揹在自己身上，何況就算你失敗了，你的經驗也會幫下一個女生／男生／原住民／台灣人打開門，真的沒有這麼嚴重。

網球選手諾瓦克．喬科維奇（Novak Djokovic）應該算是全世界最能代表塞爾維亞的人之一了吧，他不想接種疫苗、新冠肺炎確診後又違反隔離規定的時候，你會覺得全塞爾維亞都這樣嗎？沒有，就算是喬科維奇，他也只代表他自己。

野茂英雄、陳金鋒挑戰美國職棒的時候，專注在「自己的」目標上、沒有被任何標籤擊垮，才幫後面的日本、台灣棒球選手打開旅美大門。

身為團體中的少數，最重要的就是盡力做好自己的工作，並用平常心對待自己和他人的差異。戰鬥機飛行員是男女懸殊的環境，離心機抗G力（編按）訓練更是體能的一大挑戰。面對如此具挑戰性的訓練，台灣的女飛官鍾瀞儀說：原本以為男生力氣大、身體壯，會比較容易通過測驗，但是其實血液和體重有一定的比例，跟性別沒關係。即使是團體中的少數，即使生理條件有差異，她依然冷靜地分析，並用方法讓自己通過和男生一樣標準的考試。

你可能會覺得自己跟別人不一樣、格格不入，但這其實也是你殺出重圍的好機會。不管是你的口音、你的個性、你的背景，仔細思考這樣的不同可以帶來什麼優勢或如何幫助團隊，然後狠狠地用那個優勢走出自己的路。

在對環境較熟悉之後，你會知道哪些人不會因為你是少數而投以特殊眼光，他們認同你的努力、相信你的能力，找出這些人，他們是你最棒的盟友。

個人層面之外，有些部門／公司會組織支持團體，是很棒的認識同伴的機會。如果組織內支持的力量太微弱，可以找尋組織外的組織，Meta（臉書）、LinkedIn（領英）上都有不少線上社群與社團，像是Girls in Tech（支持科技業的女性）、Introverts Cafe（支持職場中的內向者）。

積極創造存在感

剛到美國職場工作時，發現有些客戶特別難維繫，因為窗口一直在換。執行長跟我說，這些公司的用人政策叫sink or swim，翻譯成白話文就是「自求多福」。

這類公司基本上就是找一堆人進來，沒有太多訓練或支援，讓新人們自己摸索、適應；可以留下來的就留下來（為數當然不多），不能適應的人離職之後，公司再找下一批新人。

高壓、快速、要求表現的產業特別容易有這種文化，例如管理顧問業、投資銀行、大型律師事務所、科技新創公司。如果你在這種文化中，冒牌者經驗發生的機會比較大。

就如字面上的意思一樣，在這種組織文化中，要不就是奮力游泳、要不就沈下去，而要活下來最好的方法，就是大聲嚷嚷。因為沒有人會主動幫你，所以你需要強烈地刷存在感與主動求助：「你今天下午有十分鐘，可以幫我看一下這個案子嗎？我差不多都做完了，但是有兩個地方想確認。」、「下禮拜的會議要準備什麼資料？我來幫忙。」、「客戶說之前流程是怎樣，我們什麼時候換新流程了？我需要知道兩個版本不同的差異，才能跟客戶解釋。」

總之，就是像搶鏡頭的人一樣，不斷地揮手，主動尋求協助。因為內部資源不多，同時也要向外部爭取支援，如果有同產業的網友、前輩、朋友的朋友、離職員工，都是可以主動認識的對象。同時，設定合理的目標，譬如「撐過試用期就算勝利」，並給自己鼓勵（見「設定合理、適合的目標」，第一三一頁）和「建立面對挫折和失敗的韌性」，第一三九頁），都是可以採用的方法。

先舉手再說

有些產業雖然不至於是sink or swim，但強調天分、創意，也容易助長冒牌者經驗，讓人覺得「我就是不夠有才華」。喬安在廣告業，她個性內向，在才華洋溢、口若懸河的同事中，總覺得自己不夠格。不像她那些天馬行空的同事們，她喜歡按部就班地計劃、充分準備、聽完別人講話再發表意見，但顯然是個問題。

每次briefing（簡報會）或動腦會議，她總是插不進用火箭般速度飛行的對話中；當準備好要講的時候，常發現問題已經被別人問過，或點子已經被別人講走了。「我是不是天生不適合做廣告？」這樣的想法不斷地出現，但她決定：既然喜歡廣告，就要奮戰下去。

她首先改變目標，以前覺得要想好問題再舉手，她把目標改成「第一個舉手」。至於問什麼、問題好不好、會不會被別人笑，之後再說。試了幾次之後發現，大家對她刮目相看。對，沒有人在意她問題或想法的品質，大家只看到她的積極和貢獻，在主管面前也留下好印象。

動腦會議上，她告訴自己「這種會議本來就是要打斷人的」，建立這種心態以後，她開始能自在地插入對話。某次國際提案比賽，她甚至用上自己的內向特質，做了一次完全沒有講話的簡報，那次她得到最大獎。後來，她一路晉升，當到國際廣告公司總監，也大方分享自己內向者和冒牌者的經驗，幫助廣告業中的年輕後進。

外在環境當然會影響冒牌者經驗，而且有時候環境比較難改變。但像喬安的例子，她從內在因素開始改變自己（比改變整個產業簡單多了），找出應對方法，然後走出自己的路。

對抗覺得「都是我的問題、只有我這樣」的冒牌者心態，布芮尼・布朗建議：脈絡化（看到全局，如「管理顧問就是比較崇尚狼性的產業」）、正常化（不是只有我這樣，如「很多人也都不適應，不然流動率不會那麼高」）、釐清真相（和他人分享自己的狀況，如「在這種壓力下我只會缺乏自信，對公司沒有好處，有什麼資源可以幫我嗎？」）。

即使因為你是新人、少數，或在特定工作環境下，冒牌者經驗比較難擺脫，但你不是一個人，而且你可以改變。

編按：在空中飛行時，當G力增加時，血液會流向下半身，導致送到腦部的氧氣會減少，容易昏迷、視野不清楚等。

冒牌者的對外溝通術，重點是不卑不亢

冒牌者在對外溝通時，要建立不卑不亢、知己知彼的態度，做充分的準備。知道自己是誰、有什麼、要做什麼之後，就可以用更強大而從容的態度，充分展現專業能力。

把自我懷疑變成禮物

科比是科技新創公司的創辦人兼執行長，他的公司成立一年多，而他最重要的工作之一，就是不斷地做簡報，面對不同投資人、夥伴、利害關係人，重複自己的創業理念、願景、解決方案。明明是經常、反覆做的工作，但他似乎永遠沒辦法習慣。

他每次簡報前都還是會覺得：「為什麼是我？對方真的會喜歡我的想法嗎？」簡報完

的他，通常很難享受達成目標的喜悅或成就感，他總是精疲力竭，像是全身力氣被佛地魔搾乾一樣。

冒牌者症狀會在某種場合特別容易出現，越是重要的場合、越牽涉到他人對你（或你的產品／服務）的評價或看法，你的冒牌者經驗越容易攻擊你。對重要客戶做簡報、高層主管都在的會議上、爭取大客戶的時候……，你更容易覺得自己脆弱無比。

碰到這些狀況，請記得一樣從「強化內在」開始（請見本書Part 1～Part 3）。內在強化之後，還有些外在技巧可以幫忙，內外夾擊你心裡的冒牌者。換言之，把自我懷疑變成溝通重點：「為什麼是我？我在這裡做什麼？」

我曾經為了一個重要的工作簡報，花了大筆學費，參加大概是全台灣最操又最貴的簡報訓練課程[1]。那是整整一個月的訓練，最後是一個每人只有七分鐘的簡報比賽。因為只有七分鐘，每句話都要經過精心設計、每個訊息都得打到聽眾痛點、每張圖都求發揮最大效益。在那痛苦無比的一個月中，我每天都在冒牌者經驗中浮沈，有時幾乎溺斃。

當同期學員們都精神抖擻地設計結構、找資料、做簡報、排練時，我大部分時間都陷在迷霧般深深的疑惑中：「為什麼是我？我有什麼資格講這件事情？我是誰？我在這裡做什麼？」

我還想到以前的歌唱選秀節目《超級星光大道》，一位參賽者似乎在比賽過程中也跟我經歷類似的歷程。他留著長髮、走搖滾路線，卻也試著挑戰了很甜的少女心情歌。總決賽的時候，他在眉心畫上火焰、彈吉他的手上戴著佛珠、舞台上帶的不是舞群而是八家將。八家將不是什麼舞台效果或是戲劇梗，這位選手從小生長在宮廟裡，這是他強而有力的「我是誰」。這樣的力道，讓他爆冷逆轉拿下冠軍。

回到簡報，對別人來說或許就是單純參加課程、準備比賽，對我卻像要探尋人生意義一般反覆向最深處追尋。「為什麼我選這份工作？為什麼做這份工作的不是別人？」這是用來募款的簡報，但我大部分的時間還是被無止盡的自我懷疑深深困住。

先說結論好了，簡報比賽我得了第一名。賽後簡報教練福哥苦口婆心勸我，希望我同意讓他將簡報放上網，他認為這份簡報可以為台灣募到資源。我婉拒了兩次之後，還是勉為其難地答應了。那段影片被分享了上百次，觀看次數是當初預期的萬倍，而且三天後就有人因為影片而跟我聯繫討論捐款。這樣算不錯的結果吧！那一個月的準備中，我做對了什麼事呢？最重要的其實也就是回答自己：「我是誰、為什麼是我、我在這裡做什麼？」

如果暫時無法從冒牌者畢業，你所經歷的這些自我懷疑，其實可以把它看成一種禮物。**在冒牌者經驗裡那些困住你的問題，正是別人想知道的。**

投資者不就是想知道：「為什麼是你在做這件事情、你為什麼可以做得比別人好？」而客戶不就是想知道：「為什麼是你、你跟別人差別在哪裡？」那些內心波濤洶湧的小劇場和自我懷疑，把它們全都寫在便利貼上，再把這些問題的答案一一編織進你的溝通策略、你的網站、文宣、簡報裡。

因為你是冒牌者，針對這些問題，你會用更強的力度問自己；而當你找到、善用你的「我是誰」，就會是最強的武器。無庸置疑地，你就會像簡報時的我，和星光大道的冠軍一樣。

善用會議萬用句型，走出舒適圈

因為覺得自己不夠格、怕被拆穿，冒牌者的一大特徵就是不太敢問問題、傾向同意甚至討好別人。

「你說得對，那就這樣吧」、「大家ＯＫ我就ＯＫ」是會議或討論時經常會出現的冒牌者句型。但這樣不管什麼事情都同意的人，長期來講容易會被視為沒有貢獻、缺乏價值。就算執行力再強，在討論時沒有存在感，也容易被當作有手沒有腦的「執行組」或「工具人」。有幾個方法，可以幫助你展現積極度。

•句型一：「我們可以退一步來看嗎？」

這句話說出來的時候會自帶聖光和音效，別人知道你是用大局思考，也會讓你後面的發言顯得觀點出眾、格局和層次都不同。這句話也可以用在大家已經討論成一團，但你想提另外一件事的時候。

譬如設計新網站時，大家七嘴八舌討論首頁要放哪些資訊時，你可以說：「我們可以退一步來看嗎？會來看我們網站的是什麼人？」或是「我們真正要解決的問題是什麼？」如果你需要更多句型讓你「看起來」很聰明，可以參考莎拉．古柏（Sarah Cooper）的著作《這樣開會，最聰明！》[2]，裡面可能會有你可以應用的句型，而且絕對有讓你爆笑出來的情境。

•句型二：「你說得對，而且……」

這個句型的重點是逗號前後要一起用。冒牌者通常很會講：「你說得對！」然後就沒有然後了。練習用這樣的句型，在別人的觀點上補充自己的觀點，或是發表相反的觀點。

沒錯，不管贊成或反對都要用「而且」。用「而且」的好處是讓對方知道你接收，而且認同他的看法，這樣會大大減少衝突的可能。我知道，身為冒牌者，你不想要衝突。加上「而且」後面的觀點，大家也比較容易接受，因為是順著前面的邏輯發展而來。

譬如：「你說得對，網站首頁應該馬上可以找得到我們的服務；而且，我們也可以強調聯絡方式。」注意到了嗎，這兩件事情沒有太大關係，但你用「而且」巧妙地把自己的想法放進討論中了。

• 句型三：「剛聽到三件事，我的理解對嗎？」

如果真的不知道要表達什麼想法，或想講的都被人家講完了，可以幫忙大家做初步整理，有點像歌曲中的間奏或是樓梯間的平台。

你可以在大家討論到一個階段時，說：「我總結一下剛剛的三個共識：第一、網站確定用瀑布流；第二、首頁不要用影片或動畫，但需要能讓人印象深刻的視覺；第三、提供的服務和聯絡方式都要非常明確。這樣對嗎？那我們來討論一下怎麼讓人印象深刻。」

你沒有提供任何新想法，也沒有贊成或反對任何人，但你在會議上有了存在感，也主導了會議節奏。

展現專業和服務，不是討好客戶

你不會想在跟客戶開會時，還要一邊跟冒牌者經驗搏鬥。這兩者是完全相反的概念，就像腦子裡同時有天使和惡魔，一邊大聲喊：「我很棒、我比業界其他人都好、你要付很多錢給我！」另外一邊吼著：「我做不到、我只是在吹牛、拜託不要對我期待這麼高！」

一樣。更慘的是，這不是像天使和惡魔這麼簡單區分，因為兩個都是你自己真實的聲音。

你的工作是好好展現專業和服務，不是討好客戶：這兩者之間有時界線不是太明確，在不同文化中可能界線也不太一樣。

舉例來說，身為台灣人，我們從進職場就被培養「使命必達」的心態。不管客戶說什麼、在什麼時間說、給你的資源夠不夠，反正想辦法把他要的東西弄出來就對了。

到了美國職場後，我第一次聽到可以對客戶做一件事，叫「push back」（推回去）。我當時完全無法理解，客戶的要求當然是要盡量滿足，什麼叫做推回去、怎麼推？

我的美國主管很嚴肅地跟我說：「Jill，你的工作是為客戶提供服務，不是操死自己。」、「管理客戶也包括管理他們的期待，讓客戶不要有不切實際的期待也是你的工作。」這個觀念跟我腦中的預設衝突太大了，我是花了很久才真正理解，服務客戶不等於討好客戶。

如果客戶說什麼我都使命必達、硬吃下來，美國主管說：「你是在危害公司。」而研究證明討好的心態，到頭來只會讓自己的議價能力大大降低[3]。

所以，回到面對客戶時，不管你心中的天使和惡魔怎麼交戰，記得回到基本面「做好你的工作」。這可能包括對產品與服務的了解、對業界狀況的熟悉度、設身處地先幫客戶想好幾個解決方案等。**你的價值來自專業，不是討好。**

緊抓底限、爭取空間、創造雙贏

面對客戶、冒牌者經驗又來襲時，很容易打安全牌或把目標下修，因為「不想失敗」。要避免這個狀況，可以在跟客戶會面之前先好好擬定策略。

譬如，這個訂單公司或主管的策略是什麼、底價是多少；是真的不能再殺的底價，還是還有一點彈性；如果價錢不夠好，吃下這訂單對公司是利大於弊還是弊大於利；在什麼條件下，這個訂單一定不能接……。心裡有了這些底，面對客戶時就比較不容易被對方牽著走，或委屈自己求全說出：「好啦好啦，這次就接啦！」這種話。

如果當下真的無法判斷，美國主管教我後退一步，「為下次對話創造空間」。這又是個我完全無法理解的美國概念，後來才知道，翻譯成白話文就是「給我一點時間，我去請示老闆，問完再回你。」

當然，創造空間的方法不只這種，但重點不外乎爭取更多時間／資源、爭取主動權（主動提出選項）和爭取更大整體利益（如同時購買其他服務）。冒牌者在對外溝通時，要建立不卑不亢、知己知彼的態度，做最充分的準備。

知道自己是誰、擁有什麼、要做什麼之後，就可以用更強大而從容的態度，充分展現專業能力。

冒牌者的目標管理關鍵

用對的方法、設定對的目標、做適切的目標管理，就可以有效讓心中的冒牌者安靜，讓自己堅定地往目標邁進。你現在就已經成功一半了！

積極目標 VS 消極目標

雖然我的人生中很少自信的時刻，但我可以抬頭挺胸地確定：在認識的作者裡，我的產能絕對是後段班。

當別人一年出一至兩本書的時候，當別人跟出版社談出書概念、簽約、已經做好未來三～五年寫作規畫的時候，我躲在自己的小天地裡，低著頭寫信給寄出版企畫案來的出版社或要約我聊一聊的出版社們：「對不起，我真的寫不出來。我江郎才盡、黔驢技窮了。我不知道要寫什麼、不會寫，也完全寫不出來，請原諒我。」對這些不認識、未曾謀面的人，我一次又一次地道歉。

聽起來有點可悲吧？但我是真心覺得自己做不到。「因為怕失敗／怕別人失望／做不到，把目標訂低一點好了。」是我的慣用伎倆。一件事如果團隊需要兩天完成，我會跟客戶說：「兩到四個工作天。」好讓自己有點餘裕；如果我有八成把握做得到，我會說：「我試試看」讓自己有失敗的空間。

或許有人會覺得那只是謹慎，但我自己知道，在任何狀況下，我都想讓失敗的風險降到最低。一般狀況下不會有太大影響，但在職場上，如果客戶因為我需要「兩到四個工作天」，而競爭廠商只需要「最多兩個工作天」，因此丟掉訂單呢？如果我說「我試試看」，讓主管覺得我只有四、五成把握，從此都把事情交給別人做呢？

我之前的老闆就很嚴肅地責備過我：「妳這樣只會讓其他人下錯誤判斷！」、「明明做得到卻不做，為什麼這麼偷懶。」我當時心裡真是有苦說不出，我根本沒有想偷懶，我只是……害怕罷了。

這樣的害怕，導致一個可怕的反效果，就是老闆後來都把我的業績目標自動往上加。

譬如，他想要我達成一千萬，就會訂一千兩百萬，「反正妳自己都會下修。」他說。那時感受到的不信任，現在都還餘悸猶存。

冒牌者在訂定目標時，會低估自己能力而低訂目標，最主要的原因是對自己的信心有限，擔心無法達成自己和他人的期待。下列這些方法，可以讓冒牌者在和主管討論KPI（Key Performance Indicator，關鍵績效指標）和OKR（Objectives and Key Results，目標和關鍵成果）時參考。

訂定過程導向目標或複合式目標

如果是以成果導向的目標（例如達到一億業績、Youtube頻道達到二十萬訂閱），這樣一翻兩瞪眼、只有「達到／失敗」兩種結果的目標，容易讓心裡的冒牌者出現，覺得「我做不到，我會失敗」。

但是如果把目標放在過程導向（Process-Oriented Goals [1]，見「建立面對挫折和失敗的韌性」，第一三九頁）或複合式目標，就可以把自己與團隊從「成功／失敗」的二分法中釋放出來，冒牌者也就比較不會出現。

例如，取代一億業績的是「建立十個五百萬級、二十個三百萬級、五十個一百萬級客戶名單，每月聯繫X個五百萬級、X個三百萬級、X個一百萬級客戶，並向X個五百萬級、X個三百萬級、X個一百萬級客戶提案，最後達成一億業績」。

在考績評分時，每一個過程都占一部分的百分比，如成功建立名單算十%、每月達到各級聯繫數達到算二十五%、提案目標達到算三十%、最後業績目標達到算三十五%。這樣可以把一個大目標變成數個小目標，同時也建立「鼓勵在過程中盡力」的文化，而不是到下半年才開始緊張。

而複合式目標是指除了業績目標之外，也把其他目標放進來，例如除了訂定Youtube訂閱目標外，也把學習目標（如強化Youtube節目企劃能力、影片剪輯、頻道優化技能）加進去，讓業績目標和能力成長目標結合。

另一個彈性方法，是制定目標區間來取代絕對值，如「比去年成長三至五%」，這樣也可以讓自己和團隊稍微有點彈性空間。

漸進式探索與開發自身能力

一般主管在訂目標時，都不喜歡看到「跟去年一樣」這種目標，翻譯成主管的話就是「不思長進」。但目標必須是合理的努力與付出可以達到的，對害怕風險與失敗、需要打安全牌的冒牌者來說，最好的方式是緩步測試自己的極限，以每年五％的速度跨出舒適圈。

舉例來說，扣除掉景氣等影響，如果今年可以達到一千萬業績，明年的業績就可以訂在一千零五十萬。這樣慢慢增加目標的困難度，可以幫助建立自信，也可以逐步增加自己的能力、擴大舒適圈。

要注意的是，每個人的能力是有極限的，當然沒辦法一直每年五％加上去，不然就會陷入「目標一直往上調、永遠都做不到」的困境（見「設定合理、適合的目標」，第一三一頁）。

如果你覺得已經快到極限，試著微調、停止或爭取更多資源協助。如果你覺得五％還是有點硬，那麼試試從三％開始也可以，這是一個討論的過程，而不是終點。

結合個人目標和團隊目標

先讓我講一下職棒選手林子偉的故事。你知道他上大聯盟的第一天是怎麼去的嗎？他所在的3A球隊前一天在羅徹斯特客場比賽（遠在加拿大邊境附近），他晚上大概十一點被告知：「你明天要上大聯盟了，中午要到紐約報到。」對，這麼重要的事竟然這麼臨時通知！

他凌晨四點多起來收東西，到機場後發現飛機誤點，這樣會趕不上開場。於是他拿起手機查，發現有一班飛機可以趕得上，但要從更遠的機場起飛。他自己扛著球具、裝備，叫了Uber往那個反方向的機場前進，趕上飛機。到紐約時已經接近中午，計程車被塞在世界有名的車陣中，到球場時，球迷都已經進場了。

睡眠不足、四點多就開始一路奔波的他，東西一放、連熱身的時間也沒有，就換球衣上場[2]。但即使這樣，一上場他就上演了一次精采的守備，點燃太平洋彼岸的台灣早晨。你覺得他是為了球隊贏球才這麼拚嗎？或許吧，但也是為了他自己。

上班族最理想的狀態，當然是可以利用現在累積的經驗和能力，找到下一份更好的工作。但就公司來講，老闆付你薪水，當然是以團隊目標優先。部門主管不會幫你想、人資不會幫你想，所以你必須自己創造這個空間。

在跟老闆主管討論目標時，也試著把自己的個人目標結合，讓討論出來的目標不只對公司有幫助，對你的職涯和履歷也是加分，就像林子偉，他的好表現可以幫自己加分，如果又可以幫助球隊贏球，那就是雙贏。

如果目標有了多重目的，冒牌者就比較不會跑出來說：「我做不到！」而比較能夠換個角度，覺得：「剛好是我想接觸的領域，就試試看！」就長遠來看，如果可以跟個人價值與志向結合，也可以增加執行者的成就感，降低燃燒殆盡（burn out）的可能性，是比較健康的目標設定方式[3]。

小羅斯福總統說：「相信你做得到，就已經成功一半了。」（Believe you can and you're halfway there.）用對的方法、設定對的目標、做適切的目標管理，就可以有效讓心中的冒牌者安靜，讓自己堅定地往目標邁進。你現在已經成功一半了！

大步向前！面對新挑戰、轉職和重大決定

有意義的工作才會為你帶來價值、自信和成就感，如果把時間都花在你覺得沒意義或不喜歡的工作上，冒牌者經驗也只會不斷地跟著你。

你過度努力了嗎？

在老屋改建的文青咖啡廳裡，我面前的女生哭了起來。她從國外留學回來，有兩個碩士學位，在外商銀行擔任中階主管、是那種會把別人不想做的事全都撿起來做的模範員工。但她最近過得不太好，前陣子下定決心辭掉了工作備孕，也沒有好消息。只是，她哭的原因不是這個。

「上次跟妳見完面之後，我在諮商師那邊大哭。」我很訝異，我們上次在大稻埕一起度過美好的下午，是我許久沒有的愉快時光，為什麼反而讓她大哭？「妳那天問我是不是請假，記得嗎？其實我已經辭職了，只是不敢告訴妳。」她哭著說：「我竟然騙了我最好的朋友。」

認識超過二十年了，我知道她一定糾結很久才說出口，她是那種連借書時不小心把書頁折到一小角都會內疚道歉的人。

當下我覺得非常心疼。「辭職幹嘛不敢說，我又不是妳媽，也不會叫妳養我。」我開玩笑試著緩和氣氛，但她接下來的話讓我反省很久：「妳工作那麼忙、又出書又到處演講，我卻沒有工作，我說不出口，怕妳會覺得我不夠上進。」聽到這句話讓我嚇呆了好幾秒……天啊，她怎麼會這樣想!?

她工作的強度超高、備孕需要頻繁進出診所、不停做各種注射和治療，期間竟然還去唸了第三個碩士；按照暢銷作家周慕姿的說法，這根本「過度努力」了吧！

三要件確保工作有意義感

在人生的各種階段，我們都面對太多「應該」——都已經畢業多久了應該要找份正經的工作吧、別人都當主管了你怎麼還在當專員、別人下班都去進修你光追劇打電動有什麼用……。對我們來說，這些「應該」都是壓力；但我們也知道，改變現狀的壓力並不會比較小。

試著做不同的事情，或是不做現在做的事情，所要面對的不安、風險和未知，總是會讓心中的冒牌者又跑出來，說：「不要啦，現在這個工作雖然不算滿意，但做得很上手了、同事也都很好相處。」、「那些事情我都沒做過，應該會很慘！」、「我不知道自己還能做什麼？」……，把你又拉回舒適圈。

當然，不是說你一定要接受更大的挑戰、當主管或帶更大的團隊，電影《捍衛戰士：獨行俠》（*Top Gun: Maverick*）裡面，湯姆．克魯斯當個萬年上校不是也帥氣又開心嗎！麥爾坎．葛拉威爾（Malcom Gladwell）在《異數》[1]中指出，有意義的工作有三個條件：複雜度、自主性，以及付出和收穫之間的關係。

說到底，有意義的工作才會為你帶來價值、自信和成就感，如果把時間都花在沒意義或不喜歡的工作上，冒牌者經驗也只會不斷地跟著你。面對重大決定時，以下有幾個方法可以幫助你跨出那一步。

不會有準備好那天

我就直說吧，你永遠都不會準備好！不管是求職、轉職、升主管、創業、決定重回職場，你腦中的聲音永遠都會說：「不行啦，還沒準備好。」不過你知道嗎？其他人也沒有準備好，所以你只要眼睛一閉、牙一咬說：「好啊，我試試看！」就贏一半了。

問題是要怎麼下定決心呢？美國企業家吉姆・羅恩（Jim Rohn）說：「人生會遇到兩種痛苦：鍛鍊的痛苦和後悔的痛苦。鍛鍊之苦很輕，後悔之苦很重。」[2]台大教授葉丙成老師也說過類似的話。

記得那是我去台大，受邀到他課堂上演講的時候。他說郭台銘的永齡基金會當年投資他的新創公司美金六百萬，但資金燒掉一半時，都還未見營收。那時他壓力超大、焦慮到常做惡夢驚醒，有一次甚至夢到週刊封面大大的標題寫著「血本無歸！台大教授創業燒光郭董兩億資金」。

當時他想過：是不是乾脆把剩下的一半還回去、承認失敗就算了。但他後來決定要戰到最後。後來不僅撐下來了，現在還做得有聲有色。

他說關鍵就在：「我那時想通了，比起失敗、丟臉、被寫在週刊封面上，更痛苦的是『悔恨』，因為你完全沒辦法改變過去。如果你沒有盡全力就放棄，這輩子接下來的每一天，你都會被困在『早知道當初就怎樣』的感覺裡，那比失敗的痛苦多好幾倍。」

有些事你可能打從心裡覺得不可能，所以沒去做。譬如：夢想中的公司開職缺，要求五年經驗、有主管經驗尤佳，這時只有二年經驗、也沒當過主管的你一定會覺得「不可能」，所以就不投履歷了。

但你知道嗎？根據我在美國和台灣加起來看過上千份履歷和幾百次面試的經驗，最後被找來面試的人大概只有六成符合公司開的條件。在美國更是，那些資歷不符的人還會跟你談條件！

不管是面對新挑戰，或壯士斷腕離開熟悉的環境；再強調一次，說：「好啊，我試試看！」就已經贏一半了。

找到核心價值，活出人生的力量

你是什麼樣的人，就會做什麼樣的決定。以人生長期來看，如果你做的事情跟你的內在人設不符，你只會很痛苦，因為你不是你自己。而這種痛苦沒辦法忍耐一輩子，所以你會開始嘗試、調整，想辦法找個讓自己不要那麼痛苦的方法。經過很多高低起伏的探索之後，你會逐漸達到一種平衡，一種「這種人生我OK」的感覺。

我有朋友在知名國際化妝品集團當財務主管，薪水很高、時常在歐美之間飛來飛去，朋友們都覺得她過著像電影般充滿時尚感的亮麗人生。直到有一次她私底下跟我說：「哪有什麼好羨慕的，不過是化妝品罷了。」那刻我就知道，她可能要換工作了。

果不其然，她後來到了非營利組織；因為完全沒有相關經驗，她甚至是從應徵助理的工作開始。後來人家看到她的履歷，問她：「我們剛好缺財務長，妳要不要來？」她就這樣如願進入跟她價值觀相符的產業。

你的核心價值是什麼呢？美國知名顧問艾莉森．路易斯（Allyson Lewis）在著作《走吧！去做你真正渴望的事》中列出一個清單選項，可以作為參考[3][4]。

價值觀清單

☐愛	☐改變	☐服務他人	☐教導
☐成就	☐仁慈	☐領導他人	☐穩定
☐興奮	☐誠信	☐獨處	☐專業能力
☐藝術	☐平衡	☐時間	☐旅行
☐社群	☐歡笑	☐誠實	☐連結
☐快樂	☐影響他人	☐知識	☐休閒娛樂
☐安全感	☐憐憫心	☐被認同	☐創造改變
☐有意義的工作	☐金錢	☐貢獻	☐有競爭力
☐幫助他人	☐自然	☐啟發	☐擁有財務保障
☐選擇	☐分享	☐愉悅	☐果決
☐自由	☐能力	☐健康	☐友誼
☐親密關係	☐喜悅	☐學習	☐正直
☐成功	☐有效率	☐樂趣	☐有創意
☐冒險	☐成長	☐熱情	☐歸屬感
☐獨立	☐冒險	☐舒適	☐進步
☐權力	☐和平	☐信任	☐關係
☐發揮全部潛力	☐傑出	☐秩序	☐才智
☐智慧	☐傳統	☐名留青史	☐承擔風險
☐信仰	☐家人	☐自尊	

請先用直覺挑出7至10個你覺得符合自己的選項，再從中選出3至5個你在生活中必須被滿足、最能呈現你個人風格、對你而言最不可或缺的核心價值觀。

我先說，這會非常難選！職場教練美樂蒂．懷爾汀建議：思考的時候可以回想自己生命中最佳狀態，或你覺得最順利的時刻，想一想，那一刻你的想法和行動下，隱藏的是什麼樣的信念[5]。隨著人生經驗不同，你的價值觀也會改變。在你面臨重大決策、裹足不前的時刻，都可以隨時再回來看。

只有動態調整，沒有需要道歉的決定

在做決定的過程中，甚至到了關鍵性的一刻，你心中會有無數個「如果……怎麼辦？」的小劇場。這些不是無謂的擔心，以機率來看，它們都是有可能發生的狀況，而你正在做風險管理，我了解。但仔細想想，甚至做個Excel表分析都可以，它們發生的機會有多大；如果真的發生了，造成的損失有多大？

這樣譬喻好了，待在舒適圈就像把存款放在銀行裡，因為利率很低，加上通貨膨脹，錢只會越來越少，所以你必須做比存款投資報酬率高、風險也比較高的投資。如果因為看到「投資基金有賺有賠」的警語而不去投資，最後錢只會越來越少。做好風險管理和評估之後，踏出去，把重點放在成長和學習，這些就是你的獲利。

有時候讓我們難以決定的原因是，我不知道以後會怎樣；如果我的決定是錯的，我要永遠承擔這個後果嗎？我會一輩子後悔嗎？新創公司投資者法蘭・豪瑟也曾經為此糾結，但她最後的結論是：**世界在變、我們的生命在變，沒有什麼決定永遠是對的或永遠是錯的，但我們永遠可以調整。**

如果做了決定，試著不要一直反省，也不要為你的決定說抱歉。就算之後結果不如預期或需要修正，你也要堂堂正正地覺得：「以當時的狀況和事實基礎來說，我做了最好的決定。現在狀況改變了，來重新看看吧！[6]」

寫這篇文章的時候，一位我面試進公司的同事剛好傳訊息給我。因為部門變動的關係，我已經不是他的直屬主管，但我們還是保持聯繫，我也時不時會問一下他的狀況。「文化適應上還好嗎？」他從加拿大搬到台灣，現在做美國公司的工作，我想文化衝擊可能比工作上的挑戰還要大。「亞洲跟北美的文化真的差很多，也不至於真的不能適應，但改天我想跟你聊一聊。」

他突然話鋒一轉：「妳看過台劇《人選之人》了嗎？」才在想說這個人也太跟得上台灣流行了，他接著說：「Jill，我覺得妳跟劇中的翁文芳（編按）一樣勇敢正直。」「蛤？」我都不好意思講：我明明出了名地膽小怕事，一個連請路人幫忙拍照都不敢的人，怎麼可能勇敢正直。「妳從我還沒進公司就開始幫我爭取權益。」他說：「妳跟翁文芳一樣，會為了下屬戰鬥」。

看了一下我的核心價值觀清單，還真的有一項是「幫助他人」。看來做符合核心價值的事情，會讓我有力量、讓心中的冒牌者安靜。你也試試看吧！

編按：《人選之人》女主角，劇中挺身而出為受職場性騷擾的下屬爭取公道、對抗體制，該劇間接促成台灣二〇二三年的Me Too運動。

冒牌者的自我行銷，先求有再求好

我們不需要完美、不需要知道所有的事情，在可以展現脆弱與缺陷時展現、在不知道時說不知道，反而會讓我們成為別人願意相信的人。

拋掉如影隨形的羞愧感

陶德是汽車業務，他喜歡車子，對於汽車的知識與市場資訊頗有自信。除了上班時間，工作之餘他也會上論壇看新車資訊、收集消費者反應，還會上國外頻道看Youtuber開箱、試駕新車，甚至會從不同的消費者立場出發——輪椅什麼角度進出最方便、力氣小的媽媽怎麼安裝汽車安全座椅，他都有自己的研究。

他最近碰到的難題是：主管不只要他在展示中心介紹車子，還要他開Youtube頻道推廣，增加展示中心的能見度和觸及潛在客戶。

陶德非常抗拒，他完全不想，也不覺得自己做得到這件事；就算硬著頭皮做到了，他拍胸脯保證不會有人看他的影片。「你為什麼這麼篤定沒有人想看？」我問他。「誰要看一個大叔開箱啊，我面對鏡頭會緊張、口條又不好；重點是，我不想這樣，很丟臉！」他說。

對冒牌者來說，羞愧感是一種如影隨形的感覺。陶德或許在某些領域很有自信（譬如在展示中心介紹車款），但離開那個領域，尤其碰到需要主動自我行銷的時候，冒牌者經驗就會狂襲而來。

以陶德的例子來說，需要自我行銷是因為主管要求，而現在許多領域都越來越注重網路能見度；此外，在斜槓流行的情況下，好像大家都要多少建立一點「自我品牌」和網路聲量。對冒牌者來說，如果這是需要努力的方向，有些方法可以讓你的糾結少一點。

不完美才是最好的行銷

冒牌者經驗在對外行銷時容易來襲，是因為我們假設「客戶／觀眾想要看到我完美的樣子」。我的簡報必須完美、我必須知道所有知識、我必須游刃有餘地回答所有問題，客戶才會信賴我。

想想看你在做採購決定的時候，你也是期待跟完美的人買一項完美的服務或產品嗎？如果有兩個銷售員賣相同的產品，一個人跟你說：「這個產品是完美的，你買了絕對不會後悔。」另外一個人說：「老實說這個產品有一個缺點，就是需要常充電。」你會比較想跟哪一個人買？

理性上，在同樣的價錢下，購買行為追求的是最大滿足，所以應該要去買完美的那個商品才對。但我相信大部分人都會比較想跟承認缺點的那個人買。心理學上有個詞叫「過度補償」（overcompensation），指為了掩蓋某方面的缺陷而過度彌補，最後反而矯枉過正。過度補償是「意圖隱藏某些事物」的心理指標[1]，所以人們傾向不相信、不喜歡完美的產品或人。

在知道這點之後，你還會覺得讓客戶／觀眾看到完美的自己、完美的產品、完美的服務很重要嗎？

亞倫・柯恩博士（Dr. Alan Cohen）和大衛・布雷福德（David Bradford）的著作《沒權力也能有影響力》中提到，交換價值就像交換貨幣[2]。

我在某次訪談中被問：「身為作者，妳覺得妳可以給讀者的價值是什麼？」這麼直球對決的問題，我還是第一次碰到。那當下，我真心不覺得自己有提供什麼價值（看吧，我的冒牌者真是無所不在）。

想了一下之後，我說：「我的價值……可能是我的脆弱吧。這些真實的失敗、糾結、恐懼與不安，可能不是AI可以創造出來的。」我這樣說。沒想到主持人大大贊同：「我百分之百同意，或許妳的書會受歡迎，就是因為妳很真實吧。」他笑著說。

或許，我們不需要完美、不需要知道所有的事情，在可以展現脆弱與缺陷時展現、在不知道時說不知道，反而會讓我們成為別人願意相信的人。

用「我們」代替「我」

冒牌者不喜歡自我行銷、不願意聚光燈在自己身上，因為覺得自己不適任、會被拆穿、越這樣演下去，謊言會像雪球一樣越滾越大。如果真的要站出去行銷自己，我建議冒牌者可以把焦點稍微轉換，**從「我」變成「我們」或「服務」**。

以陶德來說，他不想要推銷自己，但其實退一步來看，主管並沒有要他推銷自己，而是希望他建立展示中心的能見度。**在社群上經營，通常組織的吸引力比不過個人，因為觀眾會想要有連結感，而人和人比較容易產生連結**，所以主管的策略並沒有錯。

陶德可以自我調整的角度是：我因為資深、專業經驗足夠，而被主管認為可以「代表展示中心」在Youtube上介紹。這是認可我的能力，而且我也還是在介紹車子，不是在推銷我自己。

同樣地，如果你是要經營個人品牌，但不想過度把焦點放在自己身上，同樣可以把溝通、行銷的重點放在你「提供的服務」或「專業知識」。這樣可以降低壓力，也降低冒牌者經驗的強度。

當然，行銷不一定是要開Youtube頻道或經營自媒體，對內行銷（如向老闆說明自己的功績）時，也可以用這個方法。

懂得在遊戲規則內「偷好球」

棒球裡面，主審是透過一個虛擬、主觀的框框判定好壞球——框框裡面是好球、框框外面是壞球。問題是，框框的邊界是主審決定的，只有他的眼睛看得到、由他的自由心證判定。在這種情況下，好的捕手就要有一個重要的技能：偷好球（framing），那些超過線一點的壞球，捕手會透過手腕和手套的細微動作，讓主審以為是在框框裡面的好球。

體育主播李秉昇分析Stacast系統（一種結合高速攝影與雷達功能的自動系統，可用來追蹤球與選手的移動和方向，於二〇一五年在美國大聯盟全三十個球場啟用。更多說明詳見[3]）的數據，證明「每一顆額外的好球，可為守備方省下〇・一二五分。二〇一九年，奧斯汀・亨吉斯（Austin Hedges）光靠偷好球的能力，就幫教士隊省下二十分。」[4]

這跟冒牌者有什麼關係？

冒牌者就是最常在好球帶邊邊角角糾結的那群人。我們常覺得：「這樣說好嗎？這算說謊嗎？會不會被拆穿、會不會……」反觀沒有冒牌者包袱的人，常常自吹自擂、講得天花亂墜，聽的人還很買單。

美國企業家唐納・川普（Donald Trump）曾說：「就算你還沒有達成什麼重大成就，

沒有理由不行吹個牛、表現出好像你已經做到了一樣。[5]」然後他就當選總統了。好吧，他是川普，境界可能不太一樣。

的確，有些行銷語言確實需要某種程度的包裝，但你心中的冒牌者這時候就會冒出來說：「不行不行，這是吹牛，以後會被拆穿的。」當然，包裝到什麼程度算是吹牛，每個人心裡的尺不一樣，我也不會鼓勵你什麼事都加油添醋。

我想說的是，知道遊戲規則之後，可以在規則裡面玩一下。如果你看過運動賽事，就知道這些事情都是比賽的一部分：假動作、藏球、假摔……，規則沒有不允許的情況下，都算是正當公平的競爭。掌握產業中的遊戲規則，想好你的策略，就往舒適圈外面試一下看看。

知名職場講師謝文憲說：「最好的故事，是七分真實、三分改編。」[6]「這不是說謊，也不算犯規，我是在偷好球。」你可以這樣想。當然，如果覺得良心過不去，那還是晚上睡得好比較重要。

回到故事開頭，陶德暫時壓下心裡的冒牌者嘗試錄影了，效果還真的不錯。

他中肯的介紹，顯然頗對某些族群消費者的胃口，有些觀眾因為看到影片而到展示中心，主管覺得滿意；而他擔心的長相或口條，其實也沒有被批評過。

「觀眾不喜歡的話，就會直接關掉，你又不知道。而且，就跟你說觀眾的重點是車，不是你啦！」我開玩笑地說。「好啦，不過拜託不要寫出來我是哪個頻道。」陶德說。

沒關係，先求有再求好，所有自我行銷都是這樣開始的。

冒牌者的談判策略，化阻力為助力

如果世界上七十％的人都有過冒牌者經驗，搞不好桌子另一邊那個人現在也是想著：「我要怎麼辦？」談判技巧是可以練習的，而每次談判都是累積經驗的機會。

如履薄冰的冒牌談判者

窗外是美國南方的盛夏，奈特西裝筆挺，坐在涼爽宜人、氣勢宏偉的會議室裡。但說實在，就算給他選一百次也一樣，他寧願在外面曬太陽。

奈特在國際顧問公司工作，負責國際採購，因為顧問費用不菲，一般規模的案件不會來找他們。他們經手的案子，不是規模很大、就是狀況很複雜，今天這個案子兩者都有。

奈特到職一年多，是團隊中最資淺的成員。進入這間公司是許多社會新鮮人的夢想，畢竟在履歷上太加分了！在生活中也是，當他說出任職公司的名稱時，大家都會不禁流露讚許的眼神，進入這家公司讓他變成躍上龍門的鯉魚、前景看好的金童。

但大家不知道的是，許多時候他只希望不要出包。事情千頭萬緒，他每天都懼怕哪裡做不對、沒注意到，然後變成一場大災難。

今天就是這種恐懼的總和，奈特的團隊要代表客戶和對方談判國際採購合約。偏偏奈特的主管請喪假，公司請另一位主管代打。雖然不是要獨自面對這可怕的場面，算是不幸中的大幸，但代打的主管對這個案子所知有限，奈特心裡知道自己是談判桌這邊最了解狀況的人，主管會隨時需要他的資料和支援。

「完蛋了，等一下如果有問題回答不出來，或資料找不到怎麼辦？這樣不只主管覺得我很爛、對方也會看笑話，今天就會是我最後一天上班了。」奈特越想心越涼，覺得自己果然是靠運氣才有辦法進這間公司的。

職場上，難免需要為自己或為團隊進行談判，如何讓隨時可能會出現的冒牌者不要阻礙你在談判桌上大顯身手呢？

以事實為基礎建立自信

第一階段的準備是強化內在。走上談判桌之前，美國投資家法蘭・豪瑟建議先問自己：「我做過什麼困難的事，而且最後成功了？」、「我做過什麼明智的決定？」、「我以前做出成功的決策時，用了什麼方法？」[1]，這就是以事實為基礎的自信（evidence-based confidence）。

如果冒牌者症狀太嚴重，怎麼想都覺得自己沒做過什麼成功的事，不妨依希拉・漢恩（Sheila Heen）和道格拉斯・史東（Douglas Stone）的建議，找同事、職場導師、職涯教練（詳見「負負得正的冒牌者聯盟」，第一六八頁）聊聊，請他們幫助你找到你的強項和優勢。

詢問時，可以請對方盡量提供客觀具體的事例。例如：「去年你在跟供應商談判時，用了很棒的艾克曼談判法（Ackerman Bargaining Method）[2]，我們最後成功用了預算內的金額採購到一批原料。」

充分準備、擬定策略、設計替代方案

建立以事實為基礎的自信之外，你還需要盡量搜集資訊。以跟公司談加薪為例，了解相似職位與工作內容的業界行情通常是最直接的資訊[3]（美國的工作可以用Glassdoor查詢，台灣則有比薪水、GoodJob等平台，這類平台通常需要費用，或用分享自身經驗換取平台上的資訊）。如果你認識獵人頭或同產業的人資，他們也會是很好的情報來源。

如果是新工作找上門，當對方人資聯絡你時，可以先問：「依我的經驗和位階，薪資可能會落在哪裡？」這可能不是這麼容易問出口（尤其當你是需要工作的那方時），但這樣問這個問題的同時，會透露兩個訊息：我在尋找合理的薪水，而且我是有選擇的，這些都會為你自己創造一些談判空間。

同時把戰場擴大、納入所有可能的選項，例如談判某個價錢時，除了訂貨數量之外，交期、付款條件、運費，甚至對方可不可以幫忙出人力趕貨，都是你可以用的籌碼。

跟公司談加薪時也是，如果當下加月薪不是選項之一，可以詢問是否能有績效獎金／縮短或彈性工時／補貼進修的費用／要求額外的休假／提早一小時下班。談新工作時，如果對方需要你年底前離職，也可以向新公司爭取簽約獎金，以補償你沒領到的年終獎金或分紅。這些都是你要自己先做好的功課，談判時就能靈活運用。

BATNA（Best Alternative to a Negotiated Agreement，談判協議的最佳替代方案）是羅傑·費雪（Roger Fisher）與威廉·尤瑞（William Ury）於一九八一年創造的術語[4]，至今任何談判課程也都一定會講到這個概念。翻成白話文就是「如果談判失敗了，我還有什麼其他方法」。

例如：跟清潔外包公司談判明年清潔合約時，你的BATNA可能是找另外一家廠商。知道自己的備案有哪些、在哪裡，會讓談判桌上的你更安定自信。

最後，想辦法知道你的價值。我以前常常為亞洲非營利組織提供免費諮詢服務，教他們怎麼跟國外的捐贈者募款、對外商企業做簡報、用什麼切入點提案機會比較大；甚至，企業界的朋友會問我哪個非營利組織比較值得信任，我也會幫忙評估和媒合，只是我從來沒有想過要收費。

直到接連有大型基金會和企業正式邀請我做顧問，我才知道原來台灣只有少數人擁有這種知識和經驗，有人願意出價買這樣的服務，價錢還不錯呢。當然，我不曾後悔免費幫過那些非營利組織和企業，但多了解自己在市場上的價值沒有壞處。

公司或服務也是同樣的概念，我有個朋友在某家不到五十人的公司上班，他們沒有產品、只提供服務，在某些市場的定價還比其他競爭對手高出許多，但因為擁有強大的競爭優勢和實績（高度客製化客戶服務和案件成功率），大部分時候仍然是客戶的首選。

求援也是一種戰術

面對重大談判這種高壓情境時，有冒牌者經驗的人可能更傾向自己解決、不向外求援，以免「別人發現我什麼都不會」。事實上，堅持單獨解決，只會讓自己的資源和觀點受限。

華頓商學院教授亞當．格蘭特就說：「尋求建議不會讓你顯得沒能力，只會表示你尊重別人的觀點；尋求協助不表示你有弱點，而是表示你正在變強。」[5]以奈特來說，會議前他可以先向代打的主管簡報案子、討論策略，或是詢問有類似經驗的同事，甚至可以邀請代打的主管在會前先做模擬談判練習。如果談判當下自覺無法解決，也可以為自己創造尋求協助的空間，譬如說：「這個我不清楚／沒有權限／還要跟其他部門討論，我兩天以內回覆你可以嗎？」

不用擔心這會讓你看起來很遜、沒有決策權、不是個咖；如果你是基層人員，沒有人會期待你有太大的權限；如果你是中階主管，要向上級請示或跟相關部門討論很正常；甚至，我看過許多執行長層級的人也是用這個方法，他們說：「我要回去跟團隊討論／這需要董事會同意」的時候，對方頂多挖苦地說：「哎呦，你不是執行長嗎？」但爭取到更多時間的成功率是百分之百！

過於強勢、機車，容易招致反效果

常有人覺得談判桌上就是要氣勢，像摔角選手拿著冠軍腰帶，隨著乾冰、煙火、搖滾樂一起出場那種「我是來贏的」的感覺。但大部分的談判不是肉搏、拿出炸彈摔、DDT（編按）之後結束比賽，而是無數的試探、來回、進退、妥協的動態過程。

事實上，如果你在談判桌上太強勢、太機車，對方甚至會因此把條件拉高，談判技巧教練安．佛若斯特（Ann Frost）把這個稱為「機車稅」（A-hole tax，指因為舉止機車所需付出的代價）[6]。談判過程中如果出現冒牌者經驗，談判者通常態度會較溫和，這不一定是壞事，因為你可以因此避開機車稅。

態度溫和的人甚至是個更好的談判者，克里斯．佛斯（Chris Voss）和塔爾．拉茲

（Tahl Raz）在《ＦＢＩ談判協商術》一書中指出，談判中最重要的技巧是有效溝通，特別是積極聆聽（active listening）的技巧。透過了解對方的顧慮和沒說出口的需求，展現同理心，與談判對象建立信任，進而達到目的[7]。

注意到了嗎？你不是要咄咄逼人或展現我方兵強馬壯，而是讓對方喜歡、信任自己。就像美國企業家鮑伯．伯格（Bob Burg）說：「大家會跟自己認識、喜歡、相信的人做生意。」（People do business with people they know, like, and trust.）[8]談判中顯然也是。

至於細節的談判技巧，市面上很多書可以參考，除了本篇列出的書之外，我也很喜歡《華頓商學院最受歡迎的談判課》[9]。

將冒牌者經驗化為優勢

雖然我們不想要有冒牌者經驗，但如果準備談判，或談判時出現冒牌者經驗，你反而可以利用這個「優勢」。

想想冒牌者是怎樣的？

● 談判前就做了過度準備

「談判是否成功，其實談判前就大部分底定了。」這句話充分展現談判前準備的重要性[10]，了解雙方立場與利益、確認目標、想好替代方案、規劃達成目標的協議等，都是我們準備好的事情，剩下的就是鼓起勇氣上場了。

● 在意別人的看法，不錯過任何弦外之音

因為很在意，再加上戒慎恐懼的態度，所以不會錯過對方的任何訊號，連言外之意都聽得很清楚。也因為想要讓大家都滿意，所以態度上不會太過強硬，招致反效果。

● 害怕談判失敗，反而比較能持開放態度

因為不希望談判失敗讓別人看穿，在討論過程中反而容易持開放的態度、彈性較大，嘗試用不同的方法讓雙方滿意。

更何況，如果世界上七十%的人都有過冒牌者經驗，搞不好桌子另一邊那個人現在也是想著：「我要怎麼辦？」談判技巧是可以練習的，而每次談判，都是累積經驗的機會。

「Good try」（試得好）、「Good start」（好的開始）是我在台灣沒聽過的概念——失敗就失敗，哪有什麼Good try」；大家都只要好的結果，誰管你什麼好的開始。但在美國，這些充滿積極意義的詞語卻到處充斥，彷彿所有的不順利都只是幾次試錯，或是某件美好事物的開端。

如果真的談判不如你預期的結果，跟自己說聲Good try、想其他方法，然後繼續嘗試吧。那不是世界末日，真的不是。

編按：炸彈摔（Powerboom）是一種摔角招式，指將對手從高空摔下，背部著地。DDT則是Deep Death Taste（深度死亡體驗），一種摔角技，指鎖住對手頭部，落下後使對手頭部撞到地面的摔技。

減法思維處理人際關係

在職場上，永遠有不同的人際關係會讓你傷神。設立界線、好好保護自己，才是可長可久之計。

最怕習慣當個冒牌者

最近看了電影《地獄犬：竹之家》，講一個警察進入黑道集團臥底的故事。故事非常好看，但有高敏感特質的我，總是不由得皺起眉頭、莫名跟劇中人物一樣感到壓力，想著：「同時要演兩種身分痛苦死了，到底什麼時候能退休！」

看到一半，我甚至忍不住對著螢幕裡的演員岡田准一大叫：「啊啊啊啊啊，不要跟老大的女人搞在一起啊，你的生活還不夠複雜嗎！」我總是希望他們任務趕快結束，可以恢復人格一致的正常生活。

跟電影《不可能的任務》裡面換張臉那種短暫的變身不一樣，臥底是日復一日的人格分裂。所以，梁朝偉講到飾演《無間道》裡臥底的陳永仁時說：「臥底必須是樂觀、正面、對明天抱著希望的人，才能生存。」[1]精神力量如果不夠強大，無法同時應付這兩種身分所帶來的糾結和衝突。

心裡住著冒牌者，其實就跟當臥底一樣，你總是在兩種不同聲音的此消彼長中試圖抓住平衡而不要被發現。但是，跟臥底不一樣的是，冒牌者經驗不是你可以自由切換的，也沒有明確的角色界線；冒牌者經驗久了、習慣了，你甚至把它當作自己個性的一部分，也覺得沒有太大違和。

但這樣的「個性」所展現出來的行為，容易讓人覺得你戴著面具（因為覺得真實的自己不夠好），或老是在提防些什麼（畢竟怕被拆穿），在人際關係上也會造成影響。

與人連結，不要怕欠人情

剛到新環境時，是冒牌者經驗最容易出現的情境之一，偏偏這也是最需要支持的時候。美國前第一夫人蜜雪兒．歐巴馬描述自己剛到大部分是男性、白人的普林斯頓校園時，覺得自己格格不入，但她積極建構自己的支持網絡，主動尋找類似背景與價值觀的朋友、同儕和導師[2]。

雖然每次她出新書，我都有幸成為全台灣最早讀到的人之一；但是我必須說，不是每個人都能像她這麼充滿奮戰精神地跟冒牌者經驗對抗，至少我做不到。

我個性內向，本來交朋友就比較不容易。大部分的時候，我會覺得「還是不要打擾人家好了」，再加上從小看起來就很嚴肅的長相，常常創造一股生人勿近的氣場，跟人的距離就自動拉開許多。此外，因為心裡住著冒牌者，我反射性地拒絕任何讚美，更加不好意思問問題或請別人幫忙。或許，這又讓很多人覺得我是個自大的獨行俠了吧（掩面）。

之前我在一個家族企業上班，主管是老闆的女兒，他們幾乎把我當家人一樣對待。有一次，主管把我拉到旁邊，嚴肅地跟我說：「妳太謙虛了，這樣不好。」經過她提醒，我才驚覺我的「不好意思麻煩人家、不居功」，在他人眼裡可能是「不相信別人、虛假」。

因為冒牌者經驗而一直往前衝的努力，在缺乏了解的情況下，也可能讓別人覺得我愛現、破壞團隊平衡、感到威脅。

我學到的一課是：敞開心房、不要怕欠人情。有事情就鼓起勇氣問、有想法就找機會說，出去旅遊時買些伴手禮回來，一一拿到同事座位前跟他們分享。「我週末去了花蓮，買了很多麻糬回來，你要吃什麼口味？」這樣的行為雖然不是我的原廠設定，但後來發現這比放在公共區域、貼個紙條：「花蓮麻糬請大家吃 by Jill！」效果好太多了。

「哇！妳去花蓮喔，去了哪些地方？」這種幾句內結束的小聊天，事實上可以很快速拉近距離，我也因為這樣有辦法跟平常不常接觸的人建立關係，有了平常的互動為基礎，有事情的時候，他們也都願意在工作上幫我。

有位前輩年輕時就位居要職，在醫界、政界關係都很好，他跟我說：「人與人之間就是互相麻煩，透過麻煩解決事情，解決事情就增加感情與信任。」我聽了之後恍然大悟，原來我們的「不好意思、不想欠人情」，都是變相削減革命情感建立的機會。

有這層體會後，我會試著練習說：「你今天下午有大概十五分鐘嗎？這個Excel表我弄半天公式還是跑掉，偏偏那個客戶每次都一行一行對，你可以幫我看一下嗎？」如果通過客戶那關了，我也會去跟對方說：「客戶說沒問題了，謝謝你！真是幫了我的大忙！」

我發現，這樣就會交到一個Excel盟友了，而其他方面的盟友，也可以如法炮製。

設立界線，掌握人際關係主動權

冒牌者經驗麻煩的地方之一，就是它會讓我們容易忘了自己是誰。在人際關係中，我們怕被討厭、怕被拒絕，所以會傾向妥協、委屈、討好、退讓，為了他人的需求勉強自己，希望滿足所有人的期待，尤其碰到對方是職權比你高的人（如主管、客戶），因為覺得自己不夠好、貢獻不夠多，所以在關係中把自己放到弱勢的一方，無限制地付出，最後反而導致情緒耗竭。

舉例來說，老闆如果喜歡在晚上傳ＬＩＮＥ來、第二天一大早就問：「昨天晚上就已讀，為什麼你一直不回覆？」不管是誰都會覺得心累吧。但他是老闆，能怎麼辦？

擁有多國管理經驗的職場教練張敏敏建議：設立界線[3]，跟老闆溝通：「下班時間傳來的訊息，我不一定都能即時處理，但我睡前都會看，第二天處理、中午前跟您報告，這樣可以嗎？」如果你不講或每次都秒讀秒回，老闆就會假設你對這樣的工作方式沒問題，對你的期待也就會變成隨時待命。

跟同事也是，如果碰到對方倚老賣老，動不動就吹噓過去的豐功偉業或進入懷舊的美好時光，想保護自己的時間和精神的你，可以用提問法，不僅可以立馬切斷，還可以把話題轉換到你要的方向，例如：「以前跟現在確實很不一樣耶。那剛剛我們講到的通路行銷企畫，你有什麼資源可以支援？」在職場上，永遠有不同的人際關係讓你傷神；設立界線、好好保護自己，才是可長可久之計。

面對衝突時，務必區分事實和感覺

設立界線也可以用在衝突的情境。在人際衝突中，冒牌者經驗的體現方式可能是逃避、妥協、把衝突內化等，這些「是我的錯、我沒辦法解決」的作法，都不算是面對衝突的健康方法。

衝突發生的當下通常會有一些常見模式，如沈默、暴力、逃避[4]，知道之後就會比較有辦法做準備。譬如：預想到對方會沈默以對，就不會因為空氣突然安靜而心理壓力激增。衝突發生時，建立安全對話的空間是最重要的（包括心理和身體的安全），確保雙方有同樣的目標（如都是為了公司利益）以後，利用同理、傾聽讓對方願意說出真正的想法。

《開口就說對話》一書中指出，人的行為會因為解讀不同而出現落差，因為在衝突中，不同的解讀可能造成完全不同的應對策略和結果。凱瑞．派特森（Kerry Patterson）等四位作者建議：不要假設、好好想想自己為什麼會這樣解讀，以及納入其他人的觀點，用更客觀、同理的方式對狀況做不同詮釋，就能更有效化解衝突[5]。

譬如：生產部希望製作較大量的商品，但業務部卻不想承擔庫存風險。這時候，業務部主管心裡的解讀如果是「生產部根本在搞我」，就會和解讀「量大的話，生產部比較容易跟供應商買材料，也可以壓低單位成本」的反應完全不同。如果你是生產部，可以先說明希望製作大量商品的理由；如果你是業務部，可以先問為什麼要一次下那麼大的量，避免因為不同解讀造成的誤會。

冒牌者經驗若在衝突中出現，可以先試著區分「感覺」和「事實」，譬如「他暴怒，想把我殺了」是感覺，而「他因為部下犯錯，可能影響到自己工作績效而暴怒，遷怒於我」是事實。同時，衝突過程中和結束之後可以回顧自己的核心價值（請參考「大步向前！面對新挑戰、轉職和重大決定」，見第二一三頁），減少產生自我懷疑。

著名激勵演說家東尼．羅賓斯（Tony Robbins）說：「人際關係的品質，決定你的生活品質。」（The quality of your relationships determines the quality of your life.）如果你每天起床都是想著又要面對人際關係複雜、烏煙瘴氣的辦公室，這樣就算有雄心萬丈、天縱英才，也很難徹底發揮。

有冒牌者經驗已經夠辛苦了，記得多找盟友、少點扯後腿的人；減少職場情緒耗竭，也會讓整體的生活更好。

主動出擊，向上管理

當我們躲著主管時，有另外一群人正在想辦法怎麼管理主管；相信我，越躲只會離核心越遠。職場上，搞定老闆就能一路坐電梯上升，我們一起加油、試試看吧！

目標是讓老闆言聽計從

提姆是我的助理，雖然沒對他做過智力測驗，但我真心覺得他是我認識的人裡面最聰明的前三名。名校畢業，是美國人但會講流利的中文，甚至還看得懂！他學習能力強、腦筋動得很快，一般人大概要花一至兩週才能勉強上手的資料庫，他三天就學會了，甚至還神祕地對我笑著說：「我測試系統極限時發現了一些好玩的事情，要看嗎？」

但最讓我佩服的，是他管理我的方法。你沒看錯，我有兩個助理，他是其中一個，但九十%的時間，都是我在照著他的話做。我不但不討厭這樣，而且簡直感謝到不行。每個禮拜固定兩次，他會報告目前工作狀況，然後跟我說我需要做哪些事，或教他哪些東西，讓他的工作可以順利進行。

他可以做的事，從來不會到我這邊來；他要我做的決定，從來不會是「要怎麼辦？」而是「我想了三個方案，你覺得哪個比較好？」每次開會討論過後，就可以看到他整理好的待辦清單。我常常想，如果有這種助理，誰都可以當好主管吧！

身為中階主管的我，其實也一直努力做到這樣。但冒牌者經驗出現時，有時候心裡會有聲音一直鼓勵我閃躲：「不要講，主管不會發現啦！」、「例行性的會議開完就好了，不要自己找事。」有時候又會為了某次討論而過度準備，深怕主管發現我工作缺乏效率。

用慣例和目標主導溝通節奏

以前有個主管跟我說過：「先出擊的人，可以決定大部分的事。」如果不太能理解的話，想想看你跟朋友是怎麼決定聚餐地點的。約吃飯的時候，大部分的人會說：「我都好喔！」、「看大家方便。」但只要有人講出具體一點的方向：「不然吃熱炒好了，我知道一個交通方便、東西又不錯的地方。」只要不是太離譜，大家十之八九都不會反對。

雖然約熱炒跟約老闆看起來沒什麼關係，但我發現這是向上管理最重要的關鍵之一。等到老闆找你的時候，你就只能接他的招了；如果可以主動出招，讓老闆成為被動接招的一方，就能用我們自己的方式和節奏進行。

你心中的冒牌者可能會想要用各種理由阻止主動找老闆，他可能會說：「幹嘛自投羅網！」、「不知道要講什麼啦！」這當然需要一點練習，重點先放在兩個地方：建立慣例，以及了解對方的目標和期待。

• 建立慣例

建立慣例是指掌握節奏，例如每週兩次、每次半小時或每天一次、每次十分鐘。等節奏建立了之後，你會發現老闆突然把你叫去的次數變少了。當然，頻率跟工作性質、產業特性、主管行事風格都有關係。

我曾經擔任一段時間的董事長特助，那時我每天上班第一件事就是幫老闆倒水、討論當天行程，中午跟下班前都會再進他辦公室一次。雖然看似頻繁，但中間的時間老闆其實不太會找我，因為他知道我什麼時候會去找他。

•了解主管的目標和期待

第二件事就是了解老闆的目標和期待。當你覺得自己一直被老闆盯、壓力很大的時候，想想老闆的壓力更大，因為他要管的事情更多、要揹的責任更大。沒有老闆會整天想要問你這個做好沒、那個談得怎麼樣，他會問你是因為他也要跟他的老闆或他的目標交代。知道老闆的目標之後，就可以從老闆的目標出發，去想「他在意什麼」、「他需要什麼」、「我可以怎麼幫他」。

遊戲規則是討論出來的

每個老闆有各自喜歡或習慣的工作方式，跟你喜歡或習慣的不一定相同，但記得為自己爭取彈性和空間。我的工作因為跨了很多時區，要一起工作時，難免碰到有人必須被犧牲的情況。冒牌者症狀出現時，我們容易覺得「沒關係，我配合大家也可以」。如果只是一兩次沒關係，怕就怕這一兩次變成新慣例的起點。這時候，更應該和老闆討論遊戲規則。

做美國、印度、台灣合作的案子時，線上會議時間總是在我的晚間十一點或十一點半開始。我就跟老闆說那個時間對我來說有點晚，我可以與會但沒辦法開鏡頭、會後也沒辦法即時整理會議紀錄，老闆也同意了，我幫自己爭取到可以穿睡衣開會的權利，和第二天再做後續工作的彈性。

同樣地，第四季是我們的忙季，營業額占全年度的五十％，是整個團隊都要瘋狂加班、一路拚到十二月三十一日午夜那種仙度瑞拉等級的忙。因為工作量是平常的兩倍，又有無論如何都無法移動的死線，即使碰到感恩節和聖誕節這種美國的重大節日，大家也都不太敢請假，怕連累到其他人。

有一次，團隊裡的成員來討論：「接下來第四季會很忙，我第三季可不可以多放點假？」主管看了一下人力，只花了一分鐘，就給他一週的帶薪假，因為這個要求完全合理。後來公司也注意到這件事，甚至把這個作法擴大，讓所有人在年底忙完之後，在一月都可以放一週帶薪假。

向上管理做得好、遊戲規則訂得好的話，不只幫助自己，也可以普渡眾生。

不著痕跡、不討人厭的邀功藝術

冒牌者經驗出現的時候，面對讚美，總是會有種尷尬和害羞結合的感覺。別說邀功或為自己爭取什麼了，我常常是連送到眼前的讚美或獎賞都膝反射式地拒絕。

老闆說：「這個案子，Jill做得很好，來，大家幫她鼓掌一下！」我尷尬到恨不得消失在地球表面；被誇獎的時候，我更是連大腦都不用，嘴巴就會直接說出：「沒有、沒有，不是我！」還會自動比出「不不不」的連續手勢。如果只是被認為不大方、不坦率就算了，偏偏有很多時候，我真的需要那些功績和獎勵。想想看，如果牽涉到加薪、獎金、晉升，就算再怎麼不敢承認，我還是真的想要啊！

關於如何不著痕跡地居功，我從我的美國經紀人身上學到很多。他的工作是推銷我、洽談與安排演講、上節目等，我看過幾次他跟客戶講話，簡直是「默默讓人覺得我很好」的教科書！

譬如，他會說：「Jill的書裡面講到一起創業的沃茲尼克和賈伯斯是內向外向搭配的最好例子，天啊，她比我還了解我的鄰居。」你看到了嗎？在短短一句話裡面，他就介紹了我書中的一個概念，和「我來自一個不錯的地方，跟賈伯斯是鄰居」的暗示。

講到某個成功的客戶，他會說：「她的書賣到成為《紐約時報》暢銷書，團隊中有很多人，所以不能說是我的功勞；但我負責的那部分，我覺得有幫助到她。」這樣以事實為基礎、不卑不亢的介紹方式，聽起來比「我讓她成為《紐約時報》暢銷作家」（過度居功）或「我只是團隊中的一份子」（過度謙虛）都有效、有說服力，而且讓人喜歡。

如果不好意思為自己邀功，可以像他一樣，把自己放在客觀的位置，再把團隊包括進來。譬如，「這次專案會成功是基於團隊合作，我是專案負責人（客觀事實），有潔西卡和派翠克提供強大的支援（把團隊拉進來），我們才有辦法做到。」

適度向主管表現弱點

最後，我認為可以視情況向主管坦承自己的冒牌者經驗與在工作上面臨的困難。我說「視情況」是因為組織文化、主管管理風格、團隊運作方法不一樣，馬上誠實、百分之百說出自己面臨的挑戰，不一定是最好的方法。

在某些職場文化中（亞洲尤其常見），這些是比較「私人層面」的問題，有點像是要接送小孩或家人生病需要照顧，雖然公司知道會影響工作，但較多的情況是期望員工自行解決。更極端的狀況，是坦承自己的需求，結果反而被貼上「不適任」的標籤。

而在某些較注重全人的職場文化中，對這類議題的接受度較高，公司或主管甚至會分配資源，協助同事慢慢克服，因為員工面對的挑戰，最終就是公司的挑戰。

至於尺度如何拿捏，可以先觀察公司實際對同仁的支持作法（例如是否提供導師、講座等資源，而不只是書面的政策），以及人資／主管對這類議題的接受度（是否會主動提及、聊到時是否表現在意等）。

哈佛商學院教授琳達．希爾（Linda Hill）說：「負起責任、管理你和主管的關係，可以帶來更高的工作滿意度、職涯發展，最終會帶來職涯成功。」

當我們躲著主管時，有另外一群人正在想辦法怎麼管理主管；相信我，越躲只會離核心越遠。職場上搞定老闆就一路坐電梯上升的人，我看過太多了，我們一起加油、試試看吧！

主管不必當超人

當主管願意承認自己的錯誤、不安和糾結時，團隊成員會覺得他們也可以不用總是完美的，主管和團隊的關係會因此更緊密、回饋機制更有效、團隊表現也會更好。

故作堅強不一定是好事

有一次跟一位領導力培育顧問聊天，他說：「跟學員談到領導者面對的挑戰時，大家投票的前三名，其中一定有：懷疑自己是否能勝任領導者的角色。」這跟我的個人經驗不謀而合，比起當下屬，我有時覺得當主管更容易有冒牌者經驗。

我人生中第一次、也是唯一一次「一夜白頭」，就是在剛接跨國團隊的時候。從小到大都是冒牌者的我，對於「我做不到、我死定了」這種內心的吶喊已經不陌生，但打從心裡害怕、真心覺得死定了，那是第一次。

那次，我在被告知在四十八小時內決定要不要接經理的位置，管理公司大約三十%的客戶。因為是第一次給非美國人這個機會，我完全不知道會是什麼狀況：我不知道做不做得來、不知道時差怎麼辦、不知道怎麼幫自己談薪水，連可以問誰都不知道，而我只有四十八個小時。

後來我硬著頭皮接下來了，心裡想的不是升遷或職涯發展或任何遠大的目標，而是覺得：「他們這麼急著要人，如果我不接，他們會很頭痛吧。」回過神我才發現，都什麼時候了，我竟然完全沒有想到自己，我到底在幹嘛！

匆促交接之後，我直接被推上火線。不誇張，前半年我完全不知道每天是怎麼活過來的。每一封email對我來說都是一個新專案，我總是焦慮地搜尋任何線索，幫助我比較得體地回答客戶的提問，或至少「看起來」不要一無所知。

當時一天只有不到一百封的email，對我來說卻覺得像是一片沒有盡頭的海洋，怎麼奮力都游不到對岸。我有助理，但他也只比我早到職兩個禮拜，我們常常一起對著螢幕嘆氣。那段期間我白髮激增、半夜會驚醒、開電腦會怕，每天都在極度恐懼和焦慮中度過。

但因為我是經理，不能表現出來，我總是盡量語氣輕快地跟助理和團隊說：「好，我們來看看這是怎麼回事！」但心裡其實無助到快哭出來了。

職場中也聽過不少類似的故事，主管們一邊跟冒牌者經驗奮戰、一邊故作堅強地帶領團隊。看起來是個人層面的事情，只要主管的心理健康沒問題就沒問題，但冒牌者經驗在主管身上，其實對團隊的傷害更大。

自我要求很高又不相信自己的人，通常也不容易相信別人[1]，這樣的主管會開始傾向微觀管理，想控制一切——所有事情、所有細節、所有進度，他隨時都要知道，同時也都要照他的意思做。

微觀管理不只會讓主管的時間和精神過於耗損，對團隊工作表現也沒有幫助，因為雖然很多人，但都是高度按照主管的意志行動，說到底等於有很多雙手，但只有一個頭腦。主管什麼都要管的時候，團隊向心力和士氣也不會多好，畢竟大家會覺得：「反正主管也不會聽我的建議，他說什麼我照做就好了。」

接受自己是冒牌者

首先請知道，大家都一樣。我說的不是普通的主管和老闆，維京集團總裁理查・布蘭森（Richard Brandson）承認常常感到自我懷疑，尤其是進入新領域時[2]。

其他人也有自己的冒牌者時刻，特斯拉創辦人伊隆・馬斯克（Elon Musk）公開演講時[3]、前星巴克執行長霍華・舒茲（Howard Schultz）接管集團並擴張星巴克時、領英創辦人瑞德・霍夫曼（Reid Hoffman）創辦領英時、雪柔・桑德伯格試著在工作和家庭間取得平衡時……。這些人都不是普通角色，他們聰明、能幹、充滿洞見與執行能力；某種程度上，說他們是讓現今世界運轉的人也不過分。但他們那複雜又精細的頭腦裡，仍然會想著：「我在這邊幹嘛？」、「我做不到，一定會失敗的！」

好吧，如果連他們都這樣，我們的自我懷疑也是還好而已。他們跟我們的差別，或許就是在於：**雖然有冒牌者經驗，但他們有一套與之共存的方法**。科技公司Atlas創辦人兼執行長瑞克・翰墨（Rick Hammell）建議的**第一步是：接受你是主管／老闆的角色**。身為青年創業家的他，初期甚至只敢當公司的業務主管，「在終於接受自己是執行長的角色後，我開始相信自己有能力創辦並經營一家公司。」[4]他說。

理查．布蘭森就說：「當自我懷疑的念頭鑽進腦袋時，我會**提醒自己：夢想不是直線前進的。**」他常透過運動對抗自我懷疑，但他同時也說：「自我懷疑可以幫助我們跟現實接軌、往前邁進，也不完全是壞事。」[5]

無論你的方法是什麼，記得冒牌者經驗像時高時低的海浪，而你可以想辦法因應。無論是像理查．布蘭森去騎車打網球，或是像前面章節提到的成功日記（「冒牌者的談判策略，化阻力為助力」，見第二三一頁），你可以建立一套機制，幫助自己在冒牌者經驗漲潮（或海嘯來襲）時找到穩定的錨。這樣一來，即使害怕懷疑，仍可以往前邁進。

主管展現脆弱，好處意想不到

主管的管理風格各自不同，有人強勢、有人溫暖。無論風格為何，布芮尼．布朗在《召喚勇氣》一書中指出：適時展現脆弱，不僅可以增進團隊間的信任，也可以促進與團隊成員之間有意義的連結[6]。更有甚者，曾在Apple和Google擔任高階主管的基姆．史考特（Kim Scott）指出：當主管願意承認自己的錯誤、不安和糾結時，團隊成員會覺得他們也可以不用總是完美的，主管和團隊的關係會因此更緊密、回饋機制更有效、團隊表現也會更好[7]。

《日本富比世雜誌》總編輯藤吉雅春就是這個信條的忠實執行者。在某個下著雨的東京週日，他笑著跟我說：「我一直有個習慣，就是在沒有被問到的情況下就主動談論自己的弱點，這樣大家就更容易互相交談，氣氛也更熱鬧（笑）。」跟他相處的時候，也發現這個明顯的特質。

他第一次寫訊息給我的時候，就講到從小夢想當記者，但因為自己內向的個性而被媽媽挖苦的故事。我當時嚇了一大跳，依他的地位，這種事情不是隨便可以和一個陌生人（我）分享的吧，但他卻如此自然地說了出來。因為這樣的關係，我們的距離迅速拉近。我不知不覺因為他是「願意分享自己脆弱的人」而信任他了。

說到底，主管也只是一個人，雖然責任比較多、權力比較大，但不代表主管是超人，或必須要是超人。以前我有個主管，總是坦率地說：「Jill，我不知道哪個比較好，你幫我看一下！」、「Jill，那裡出狀況了，你覺得怎麼辦？」身為下屬，我沒有任何一次感到不悅、不耐，或「你不是主管嗎，怎麼會叫我呢!?」的想法。

相反地，我感受到十足的信任和真實。我知道主管不會要求我完美，也相信如果我碰到類似的狀況去問主管，她也會這樣幫我。當時我衷心因為這樣不用戴著面具、怕被拆穿的職場關係感到開心。展現脆弱，也是一種管理。

擔任資淺成員的職場導師

「如果懷疑自己，就去幫別人！」是某位職場前輩送我朋友萊恩的話。當時萊恩在轉職的邊緣，不知道自己可以做什麼、不確定要往哪裡走，甚至不知道要不要走，徬徨地不知道該何去何從。

前輩的具體建議是：找他有興趣的領域，先從幫忙開始——不管是當志工、免費的（老）實習生或是任何的忙，實際投入之後，再決定自己喜不喜歡。「可是我行嗎？」萊恩那時一副冒牌者經驗湧上來的樣子，前輩對萊恩說：「去幫助別人，就知道自己的價值在哪裡了啦！」

在職場上擔任主管，總會有挑戰的時刻，畢竟公司是請你來解決問題、開創美好未來，不是付錢來讓你含飴弄孫、安享天年的。知道歸知道，但被推上火線、碰到困難時，如果再碰上客戶或老闆的刁難，真的是會懷疑人生，不知道自己為了什麼要撐下去。

我就是在這種時刻，聽到前輩給萊恩的建議。結果，後來還真的被「分享」拯救了。

剛開始只是抱著轉移注意力的心態，有陌生人寫訊息問我問題，我就盡力回答他們；有朋友或網友想知道怎麼進入這個領域，我會盡量提供意見；有單位邀約請我分享經驗，我就去了。這些人跟我一樣，都在人生的交叉路口，有些甚至連路都還沒找到。對我來說，往前看不到的路很困難，往回看走過的路卻滿清楚的。

透過經驗分享，我常想到以前的自己，那種新鮮人拚死要找到第一份工作，或剛入職場拚命想站穩腳步的樣子，每個人都一樣。沒有比較沒有傷害，我一邊慶幸現在的自己已經有些經驗了，一邊覺得自己能幫上忙也算是功德一件。他們的感謝，對我而言就是最大的動力。

就這樣，我三不五時會跟初入職場或面臨轉折的朋友聊聊，他們可以聽到我的經驗和建言，我也可以為自我價值充電，雙贏！法蘭．豪瑟說職場導師不是找來的，是吸引來的。就看看誰可以吸引到你吧！

回到一剛開始的情境，在我剛接經理、生死交關的前半年之中，有客戶解約了、有案子搞砸了，連助理也留不住而離職了。「我果然是失敗者，公司一定後悔升我當經理了！」的想法完全得到驗證。

我忐忑地等著主管約談，但還是只能當一天和尚撞一天鐘，把份內事情做好。同時我試著調整心態，跟心中的冒牌者共存，也跟其他團隊成員、甚至部門明說我的狀況，請求協助。

過半年後，主管終於找我了，他問：「我想讓妳接另外三十％的客戶，要嗎？」這次，我比較知道該怎麼做了。

Part 5

冒牌者經驗
讓你變得更強大

從學生時期開始，我一直都在容易造成冒牌者經驗的環境裡。在學校，我是班上唯一一個外國人，我的膚色、長相、行為，一看就知道不一樣，更別提我的外國口音和不同文化培養出來的腦部作業系統。

進入職場後，我常是整個房間裡的特例——我太年輕、我是女性、我的皮膚和口音也還是跟別人不一樣。我整個職涯都在跟「我不屬於這裡，沒有人歡迎我」的冒牌者經驗奮戰。過了十幾年後，有一次我在攝影棚裡接受媒體訪問，他們幫我別麥克風時，怎麼樣就是別不好。

折騰一陣子之後，一位節目工作人員滿臉抱歉地說：「對不起，這個麥克風是男性襯衫用的，女性襯衫是相反方向，不管怎樣都會掉下來。」對方一直道歉，我笑著說：「沒關係，下次我會注意我的性別。」

這樣的事情以後還會碰到吧，一定會的，但我知道我屬於這裡。如果你也跟我一樣覺得自己哪裡不夠好、不夠對，這篇是寫給你的。我們可以改變現狀，我知道，因為他們後來採購女性麥克風了。

內向冒牌者，接納自己與眾不同

內向是個性特質，先天和後天都有影響；我已經學會擁抱自己的個性，也覺得沒必要再改成怎樣。但冒牌者經驗是一種狀態，一種我們有能力改變的狀態。

擁抱內向特質，揮別冒牌者經驗

我管理的臉書私密社團「內向者小聚場」有二萬多位成員，大家常在裡面分享身為內向者的苦惱（對，很少人分享當內向者的好處，真是擅長自我鞭策的一群人）。

最近看到一篇PO文，心有戚戚焉。發文的團友說他跟公司的一位同事一起負責許多專案，同事比較資深，通常都負責解決問題，他只要按照指令去做就好。但現在同事要離職了，公司也沒有其他人熟悉這方面的事，讓他焦慮到不行。同事離職日子越近，他越害怕，想到要自己解決所有問題就越恐慌。

他寫道：「我邏輯不好、做人也沒有他那麼圓融、自信心又不足……，心想我是不是乾脆辭職算了。」看到之後，我不自覺一陣苦笑，我也常是一模一樣的思考模式啊！碰到挑戰↓想到五萬種失敗的方式與後果↓越想越害怕↓覺得乾脆在失敗前先逃走，我的SOP就這樣被偷走了！

看到下面留言，很多人幫忙想辦法，譬如：「跟同事留LINE，以後有問題至少有人可以拜託」、「把這個當作成長和獨立的機會，真的試過之後不行再離職」、「內向者因為很會反省自己，容易完美主義，要求先不要太高」，覺得果然還是同溫層最溫暖啊（淚）！

職場本來就是很容易讓人壓力大的地方，稍微風吹草動都會讓生活受到影響，生涯教練吉娜．露西雅（Gina Lucia）表示，內向者因為善於自省的特質，可能比外向者更容易有冒牌者經驗[1]。

在外向社會為主要文化中的內向者，從小就會覺得自己哪裡不對，整個社會都在鼓勵跟你個性相反的行為，你當然會覺得生下來的設定就有問題。這些「你應該要怎樣」、

「你太怎樣」、「你這樣以後會怎樣」的句型，內向者從小到大應該隨便都可以舉出一堆例句。而這些句型，對增加內向者的自信一點幫助都沒有。

內向是個性特質，先天和後天都有影響；我已經學會擁抱自己的個性，也覺得沒必要再改成怎樣。但**冒牌者經驗是一種狀態，一種我們有能力改變的狀態。**

內向者跟冒牌者經驗對抗的過程中，有些作法可提供參考。

你可以跟別人不一樣

我們公司有個固定的時間，讓大家聊些工作上不會講到的事情。上禮拜執行長問大家：「最喜歡的電影是哪一部？」面對大部分是美國人的團隊，我總不好講每次看到周星馳的電影《威龍闖天關》都會不小心又看完一次。

大家講過一輪好萊塢片之後，回頭發現我最有印象的答案，是一位同事說的電影《我想有個家》（*Capernaüm*）。她簡短介紹這是一部黎巴嫩電影，內容講述一個小男孩生在貧民窟中，赤貧的父母卻不負責任地繼續生，最後十二歲的他控告父母，罪名是「把我生下來」。

對於其他電影我沒有什麼印象，但我竟然可以把這部電影的片名和劇情都記得這麼清楚。為什麼呢？因為這部電影很不一樣！跟這部電影一樣，內向者有些特質，有時候可能會被視為有點怪咖，但那只是我們不一樣。

我們需要獨處、不想去派對、想得慢、注重細節和風險、發言前要深思熟慮、不想受到關注……，容易動不動就會被貼上孤僻、不合群，甚至反社會的標籤。因為這樣，我們常花很多力氣想要跟別人一樣，努力模仿出「正常」的樣子。但我們沒有比別人不好，只是不一樣，而這種與眾不同，有時候反而可以讓自己突出。

當然，有時候與眾不同勢必要承受一些社會壓力，這時不如從「不跟別人一樣也可以」開始練習，欣賞自己的獨特之處。內向者也常常傾向把感覺、糾結都放在心裡，對我們來說，承認自己的脆弱更不容易。

遇到冒牌者經驗的時候，作家史蒂芬．畢索里（Stephen Bitsoli）建議可以找你信任的人，也許是家人、朋友或諮商師都好，把感覺說出來，也尋求他們的同理和認可，有助於減輕冒牌者經驗[2]。

區分冒牌者時刻與風險管理時刻

雲端資訊安全公司Okta創辦人兼執行長陶德・麥基隆（Todd McKinnon）在創業前，是全球知名的客戶管理規劃軟體公司賽富時（Salesforce）的副總，他工作穩定、坐擁高薪，卻決定在金融風暴席捲全球時創業。

「當時最大的挑戰是說服我老婆。」他說，為此他向老婆做了一個正式簡報，標題是「為什麼我不是瘋子[3]」。在十三頁、滿滿是文字的簡報檔中，有三分之一是在沙盤推演各種可能情況，以及每種可能性會帶來的後果，而他列為第一的可能性，就是「失敗」。

我把整個簡報檔讀了一遍之後，覺得如果我是他老婆，我會支持他創業。而他老婆顯然也被說服了；二十四年後，Okta現在已經是公開發行公司，價值超過六十億美元。

會想到失敗，或第一個就想到失敗，並不是壞事，這正是內向者的拿手好戲——風險管理。我們腦中的小劇場會先把所有可能情況都設想一遍，然後想著：「如果……怎麼辦？」或是「現在如果先做XX，成功機會是不是比較大！」

但冒牌者經驗不一樣，風險管理是外部歸因，而冒牌者是內部歸因。冒牌者時時刻刻的想法是「我會失敗」、「會有什麼事情發生，導致我做不到」。冒牌者經驗會讓你裹足不前，風險管理卻可以讓你更有把握地往前走。

內向者們在想著可能失敗的原因時，記得這不一定是冒牌者時刻，而有可能是你閃閃發光的風險管理時刻。

先聚焦在優點，再改善缺點

在美國生活和工作時，最驚訝的應該就是西方文化中對優點與特點的鼓勵。大部分的場合，他們會先講好的事情，自然地像某種預設值一樣。面試的時候，就算來的人只有五十％符合職務需求，面試官也會說：「你的工作經歷很棒，我想多了解你一點！」

如果看到孩子很小就戴眼鏡，台灣人的關心方式大多是：「你電視看太多、３Ｃ用太多了吼！」但美國人可能會說：「你的眼鏡好可愛喔，我可以多送你一張貼紙嗎？」在東方文化中長大的我，常被鼓勵改善自己的不足，而不是強化優點。久而久之，我眼裡只有需要改進的地方，而常無視已經做得不錯的部分。

我是在認知到自己是內向者、再怎麼樣也沒辦法變成開朗陽光的外向者之後，才開始認真想：「那我的優點在哪裡？」內向者深思熟慮、注重細節、擅長收集資訊、縝密規劃、長期作戰……都是優點，重點是怎麼用這些優點。

你可能會問：「那缺點怎麼辦，那些不如人的地方，難道就這樣放著不管？」我的策略是：先求最大化優點，再改善缺點。這不是絕對的先後順序，而是根據階段不同而調整比重。

譬如，職場初期或剛到某個新職務，建議先把較多心力放在發揮優點上（像是「七十％最大化優點」加「三十％改善缺點」），這會幫助你站穩腳步。而進入職涯中後期，或業務熟悉、職務穩定後，就可以把較多心力轉移到改進缺點上（例如「四十％最大化優點」加「六十％改善缺點」）。

聚焦在優點的好處，是你是用最強的武器在戰場上，容易取得成功、建立信心，冒牌者經驗也比較不會出現。當然，職場上一定會有就算用盡所有武器還是深感挫折的時刻，設定合理的目標、增加自己對挫折的容忍度、提升自我，這些都可以幫助你（詳見Part 3）。

台灣創作歌手安溥十四歲時創作了《最好的時光》，這首歌在她四十二歲時得到金曲獎年度最佳歌曲大獎。「被同學孤立的時候，只好一直寫字。長大之後回頭看，被這些東西所感動。」她這麼說。人生中不會總是風光明媚、鳥語花香，內向者的人生或許更加波折，我們可以做的，是把這些當作自己的祝福。

有人因為個性內向不善言詞，所以開始研究寫作，現在一大部分薪水是用寫字賺的；有人因為經歷痛苦的感情，開始研究星座，後來變成星座老師；有人交女友碰到挑戰，所以開始從各種角度做戀愛的系統性研究，後來還變成了付費課程。

內向的你，同樣擁有許多現在或許比較不起眼的寶藏，至於要怎麼用它們，只有你能決定。來，我們一起來挖寶吧！

跨文化職場中的冒牌者

獲得金球獎的韓裔演員吳珊卓說：「我希望聽到你們說：『我身為亞裔我很自豪，我屬於這裡』。」無論你來自什麼文化、在什麼文化中落腳，一定都有你的位置，找到它，不然就創造它。

跨文化溝通眉角多

有一次跟公司執行長一起吃早餐時，他把筆電拿出來轉向我，說：「Jill，最近美國總部和中國團隊的溝通狀況滿多的，我覺得可能是因為文化差異。兩邊文化妳都熟悉，幫我看一下email這樣寫可以嗎？」那時我心中不禁驚訝：竟然有人對文化有這種敏感度。

這樣說或許有點武斷，但我實在碰過太多在文化上卡住或翻車的例子。例如：美國公司要和日本大學簽約時，日本謹慎地把合約一直往上呈，看了好幾個月，讓美國公司不太高興，合作差點告吹。也看過在某美商中工作的印度男性員工，因為對女性說話不禮貌被炒魷魚。

根據世界經濟論壇（World Economic Forum）二〇二三年度報告，印度的性別平等是一百四十六個國家中的第一百二十七名[1]，我猜那位印度員工應該是按照印度的方式溝通，偏偏犯了對性別議題超敏感的美商大忌，連工作都丟了。

我曾受邀到許多國際企業演講，就是在講跨文化溝通。根據人資部門的說法，文化差異顯然對公司運作造成了一些困擾，無論是各國分部之間的內部溝通，或是跟不同文化客戶的外部溝通上，都讓他們有點頭痛。另一個原因，是他們觀察到某些文化背景的人比較容易在溝通中變成弱勢，請我教他們怎麼在跨文化職場上適切溝通。

「某些文化背景的人容易變成弱勢？」我未問先猜在東亞，「沒錯，東亞國家比較容易這樣，你怎麼知道!?」他們驚訝地問。「我是台灣人。」我微笑回答。我都不好意思說，從小被教導「溫良恭儉讓」的我，退讓跟吃早餐要配奶茶一樣平常啊（苦笑）。

高情境與低情境溝通的差別

人類學家愛德華・霍爾（Edward Hall）在著作《超越文化》（*Beyond Culture*，簡體中文版由北京大學出版社出版）一書中提出高情境文化（High-context culture）和低情境文化（Low-context culture）的概念[2]。

高情境文化中（如台灣、日本、中國、阿拉伯國家），說者在傳達訊息時通常比較隱晦、容易有弦外之音，訊息接收者需要較多的背景資訊，才能正確解讀說者真正要表達的意思。在這種溝通中，聽者要負較大的責任，確保正確接收到說者的意思。如果溝通產生誤會，一般的歸因較常是「聽者沒聽懂」。

而在低情境文化中（如北美、德國、北歐），說者較常使用直接、明確的表達方式，重視邏輯、確保訊息清楚傳遞。在這種溝通中，說者要負比較大的責任，確定聽者擁有解讀資訊需要的知識與背景。如果溝通有誤會的話，歸因較常是「說者沒說清楚」。

在多元文化的團隊中，來自高情境文化的成員容易想比較多，像是「我都已經講這麼清楚了，他是真的聽不懂還是有別的想法」或「他剛剛那樣說，是有什麼其他意思嗎」，如果這時歸咎到「是不是我發音不好／邏輯不好／理解能力不好」，冒牌者經驗就容易出現。但這一切其實可以用系統性的方式解決。

曾獲全球管理學組織「On the Radar」評選為年度五十名全球最有前瞻性商業思想家的艾琳．梅爾（Erin Meyer）建議：多元文化的溝通中，一律採用低情境程序，確定大家有正確、充足的資訊，並且有相同的理解而不是各自解讀。

舉例來說，每次開完會，由一個人口頭複述會議重點，每個人都要口頭概述自己下一步要做什麼，再由一個人負責發送書面摘要紀錄。透過三個層級的溝通，確保所有人的資訊與理解都一致[3]。如果不清楚的話，不要糾結、不要自行解讀，直接問就好。

語言障礙不等於溝通障礙

英語是國際職場上使用最普遍的語言之一。在九大語系中，英語屬於印歐語系中的日耳曼語族。依語言距離（language distance，指兩個語言在語言學上的距離，評估面向包括：歷史語言學、第二語言、歷史衝突、貿易交流等[4]）不同，不同母語者學習並使用英語的難度也不同。

舉例來說，同屬日爾曼語族，以德語、丹麥語、荷蘭語為母語的人，學習英文就會比俄語為母語的人（斯拉夫語族）還容易；而以中文為母語（漢藏語族）的人，學英文又會更困難。

許多跨國團隊中的冒牌者經驗，就是來自於這種語言距離的不同。我們常會覺得「別人都講得很流利、表達順暢、發音也比我標準」而自覺不如，但這通常是外在因素（如語言距離、成長背景、教育等），不是你的問題。

我有個朋友，即使很小就搬到美國生活，但十幾年後，還是很在意自己在細微之處的口音。直到有個美國主管跟他說：「你為什麼想要純正的美國腔？你的口音正是你的獨特之處、代表你的文化背景，不是嗎？」許多東亞工作者有這種迷思，覺得英文不夠「標準」就矮人一截。

在跨國職場上，可以想像自己是國際太空站中的各國太空人之一，只要把焦點拉回溝通的本質即可。根據長年在國際職場上的觀察，跨文化的溝通最重要的核心就是「讓別人聽得懂自己的意思，也確定自己聽懂別人的意思」；簡單一句話，就是互相了解彼此的訊息。

語言障礙之所以會變成溝通障礙，是因為焦點常被放錯——我們追求完美的文法、艱深的用詞，覺得這樣看起來比較專業。事實上，華麗的用字遣詞並不等於順暢的溝通。尤其跨國溝通中常用視訊，甚至連螢幕都關起來的語音通訊，在缺乏肢體動作、表情等非語言訊息的情況下，越要確保溝通的核心：講清楚、聽明白。

搭配低情境溝通，大部分時候我們會用各種方法確保溝通順利進行，包括：暫停：「我在這邊停一下，第一段大家都了解了嗎？」、提供資訊：「上次會議捷克沒有參加，我很快重複一下之前的結論」、提問：「剛剛你說的程序跟我印象中的不太一樣，有變過嗎？」等。

再次強調，你已經在國際團隊中工作了，證明你的語言沒問題（或人家相信你語言沒問題），慢慢講、聽不懂就問。

對了，我那個自覺英文有口音的朋友，現在的工作是協助建造太空船，把火星探測車上的樣本送回地球，團隊中各種口音的人都有，同樣都在執行這項讓人興奮的地球任務。

用不同背景創造優勢與特點

研究指出，在新文化中較容易產生冒牌者經驗，且具多重文化背景的人也較容易有冒牌者症候群[5]。意思就是，如果你是外派人員、移民、新住民、留學生，或離開部落到城市就業的人，這樣的環境轉變都會讓你的冒牌者經驗增加。

每個人調適所需的時間不一樣，有的人住國外幾十年還是覺得格格不入，也有人像日裔美籍歌手宇多田光一樣，不介意被當作局外人（outsider）。

不同文化背景也會造就不同的文化性格。舉例來說，東亞裔族群（如華裔、日裔）通常較注重和諧、謙遜、勤奮工作、尊重權威[6]；印度裔族群重視變通彈性、企業家精神、溝通辯論、社群關係[7]。在矽谷，這樣的文化特質讓印度裔容易脫穎而出，因為剛好符合了美國社會對領導者的期待。相較之下，東亞裔族群的特質容易被解讀為缺乏企圖心與領導能力。

如果你是美國職場中的東亞裔人士，你比較會覺得自己的個性不對、做不到主管對你的要求、不屬於這裡，因而較容易有冒牌者經驗。至於如何打破竹子天花板（Bamboo ceiling，指讓亞裔人士無法晉升到高階管理階層的隱形天花板），在矽谷多年的作家尼可建議：敢於在衝突中堅持立場、積極在職場上打造個人品牌，以及建立人脈網[8]。

回到我們一直強調的概念：**你覺得是缺點的地方，正是最有可能是禮物的地方**。研究指出，多重文化背景的人較具創造力[9]。想想你的文化背景為你帶來什麼樣的優勢：注重和諧，可能表示你擅長整合不同意見；尊重權威和程序，可能表示主管不用擔心你經手專案的合規問題（compliance）；或是你同時了解不同文化，更容易跟不同市場的客群溝通。

如同在韓劇《實習醫生》中走紅，並以《追殺伊娃》獲得金球獎「最佳戲劇影集女主角」的韓裔演員吳珊卓（Sandra Oh）說的，「我希望聽到你們說：『我身為亞裔我很自豪，我屬於這裡』[10]。」無論你來自什麼文化、在什麼文化中落腳，一定都有你的位置，找到它，不然就創造它。

勇敢當個獨一無二的人

身為少數，如果你感受到障礙、不友善，那不是你的問題。你可以做的是打造自己的防彈衣、組自己的復仇者聯盟，然後挺身對抗。

不是你的問題

寫這篇文章的時候，電影台剛好在重播《街頭痞子》（*8 Mile*），美國嘻哈歌手阿姆（Eminem）的半自傳性電影。我不是阿姆的歌迷，也不熟悉嘻哈音樂，但明確地知道在他之前，嘻哈是黑人的天下。

即使作風充滿爭議，但阿姆被指標性音樂雜誌《滾石雜誌》列入史上一百位最偉大的音樂人[1]，他因為成功打破種族和文化壁壘，被視為有史以來最偉大的饒舌歌手之一。

在歌曲〈Legacy〉裡，他寫著自己從小就覺得：「為什麼我這麼怪？我是火星人嗎？還是這是什麼奇怪的科學實驗？我不屬於這個世界！」[2]長大後，即使已經取得巨大成就，阿姆還是公開分享自己的冒牌者經驗，他覺得自己不夠好、能力不足[3]。

我不禁想：「你這樣當然會有冒牌者經驗啊。除了家庭背景、成長經歷，你選的工作不對吧？你是唱嘻哈音樂的白人耶！想都不用想會有多少人叫你滾回家聽布萊恩・亞當斯（Bryan Adams）」。好吧，這純屬我的想像，但大概就是那種意思。

如果你是團隊裡面唯一的女生、原住民、身心障礙者或是任何少數，阿姆的感受你可能不陌生：刻板印象、偏見，或是大家不說破卻明確存在的牆，都是真實的。

我喜歡多扶執行長許佐夫說的：「只有有障礙的環境，沒有有障礙的人。」身為少數，如果你感受到障礙、不友善，那不是你的問題。你可以做的是打造自己的防彈衣、組自己的復仇者聯盟，然後挺身對抗。

擁抱自己的獨特

我知道那種格格不入的感覺，但不管理由是什麼，你已經在這裡了不是嗎？你可能會說：「不是、不是，那是因為他們人很好／當初剛好想找住附近的人／我是保障名額進來的。」

我知道，但根據我的經驗，可以很明確地告訴你：招聘、訓練新人的成本很高，每個聘僱的決定，都是一連串「我覺得這個人可以」的蓋章。招聘過程中經過多少人，你就被蓋過幾次章，那才是你在這裡的原因。**就算不相信自己，也要相信那些相信你的人們**。

仔細想想看，在這裡的人是你，而不是面試室裡面的其他人，原因在哪裡？你被升上主管，而不是團隊裡的其他人，為什麼？那些就是你的強項，你無疑就是他們當下所能得到最好的選擇。

不要總是想著要跟別人一樣，團隊中不差一個一樣的人；把焦點放在發揮自己的強項，無論是溝通能力、程式技能，或是很會跑腿或做會議紀錄，找到自己在團隊中的價值、發揮到最大。那些讓你覺得跟別人不一樣的地方，正是你的獨特之處。

我的朋友許朝富，三歲的時候得到小兒麻痺，從此下半身肌肉萎縮，一輩子只能坐在輪椅上。他喜歡大自然、喜歡旅遊，小時候爸爸媽媽還可以揹著他出國，但長大之後機會越來越少。障礙者如果在沒有電梯的公寓裡，連出門都是問題[4]。

但他現在擔任非營利組織的理事長已經二十年，組織提供爬梯機服務（到府接送上下樓）、跟計程車隊合作無障礙接送、自辦無障礙旅遊、開發輪椅雨衣等商品，還透過他的網路專長，提供輪椅使用者和家屬許多線上資源。

「如果你自己不是障礙者，還做得出這些事情嗎？」我問他：「應該不會！而且至少這輩子，我以身為障礙者為榮，因為這才是我，沒有想變一般人的打算。」他笑著說。他**把別人眼中的障礙，變成自己的禮物，甚至是別人的祝福**。蔡依林在〈看我七十二變〉裡面唱的「把缺點變成焦點」，或許就是這個意思吧！

究竟你要向誰證明？

身為少數，更想要證明自己「跟其他人一樣有資格」很正常；很多時候，這個目標會被轉化成「要做得比別人好」。打開電視或商業雜誌，你會看到很多成功人士都是這樣砥礪自己、把阻礙化成動力，最後功成名就（所以他們才會在電視或商業雜誌上啊）。

但你沒看到的是那些被自己的高標準壓垮的人——他們想要讓人刮目相看、亟欲證明自己，最後卻被心中的黑暗吞噬。

老虎・伍茲身為高爾夫球運動中的少數族裔，從小被爸爸訓練成高爾夫球機器，贏球是唯一目標。為了得到父親的認同，他長年為自己設下極高標準，後來導致身心都出狀況——藥物上癮、性成癮，有陣子甚至完全無法出賽[5]。雖然後來他奇蹟般地回歸，成為大家眼中不死的傳奇；但那畢竟是奇蹟，不代表所有人都能像他一樣。

野心勃勃想要徹底改變醫藥產業的「女版賈伯斯」伊莉莎白・霍姆斯（Elizabeth Holmes）不但公司已經解散、自己還面臨十一年的牢獄之災[6]；想靠破壞房地產業遊戲規則改變世界的亞當・紐曼（Adam Neumann，共享辦公室WeWork共同創辦人）公司股價在三年內從九塊多美金跌到二角多美金，最後只能離開公司，現在公司也破產了[7]；原本的傳奇自行車手蘭斯・阿姆斯壯（Lans Armstrong）被終身禁賽；還有贏得多次奧運和世界冠軍的美國短跑女飛人瑪麗安・瓊斯（Marion Jones）因為服用禁藥黯然退休……，這些都是沒有再回來的例子。

好的目標會讓你有動力、往高處邁進，但為了證明自己、突破極限，而設定不合理的目標，小則讓你身心失調，大則讓你走火入魔、身敗名裂。說到底，世人的評價都是一時、外在的，不用向世界證明什麼，一直往目標邁進就好。目標設定策略可以參考「設定合理、適合的目標」（見第一三二頁）。

打造自己的智庫

非洲諺語：「想走快，就一個人走。想走遠，就一起走。」（If you want to go fast, go alone. If you want to go far, go together.）是許多創業者常說的一句話，用來強調團隊的重要。身為團體中的少數也適用，單打獨鬥總有氣力放盡的一天，你需要的是自己的團隊。

顧問調查公司蓋洛普（Gallup）調查全美超過五百萬個工作者後發現，辦公室中擁有至少一個好朋友，幫助工作者更投入、生產力更高，也更有成就[8]。當然，職場不是交朋友最好的地方、搞小圈圈也只會讓你故步自封，但擁有支持網絡，會讓你的冒牌者體驗大不相同。

密西根大學（University of Michigan）教授珍．度頓（Jane E. Dutton）的研究指出，高品質的關係並不需要很深入或親密的關係，而是從雙方尊重、互動與相互承諾為基礎，就能帶來好的合作契機[9]。

除了「負負得正的冒牌者聯盟」（見第一六八頁）、「沒有人是一座孤島！發展組織中的支持體系」（見第一七五頁）中提到的支持系統，艾美獎得主、新聞工作者凱爾．安德恩（Kare Anderson）則是個人智庫（Mastermind group）的愛用者。

個人智庫是美國作家拿破崙．希爾（Napoleon Hill）提出的概念，指兩個人以上的同儕團體，用和諧的方式為彼此解決問題、提供建言[10]，利用合作的力量發揮綜效[11]。

個人智庫在歐美比較流行，上網就可以找你附近的團體（編按）。台灣稍微接近的團體是BNI商會（成立於一九八五年，是一個全球性商業組織），但是以業務開發需求導向、每個分會的風格也不太相同。如果你的所在地區附近沒有類似團體，可以參考以下幾個原則創建自己的個人智庫[12]：

1 **找出理想組合：**不同領域、不同背景、不同國籍和文化會讓觀點更加多元，相同或類似產業的人則是可以促成較直接的合作機會。怎麼組合可以自己計劃，但盡量避免同時邀請同產業的競爭對手。建議最好盡量找一至二位較資深的人士。人數沒有限制，一般而言六至八人之間為佳。現在有許多線上個人智庫，人數較多，但關係也較不緊密。

2 **謹慎挑選成員：**成員作風（你要說磁場或頻率也可以）會影響到整個團體；不一

定要邀請認識的人，但一旦有意邀請，可以先約他聊個幾次、到不同場合觀察，也看看他和其他成員互動的情況，再決定是否邀請他加入。

3 **建立基本規則：**明確界定團體的目標和價值，例如：「以管理者為主，提供在職場上晉升的支持」。其他規則像是成員之間禁止收費行為等、缺席幾次就退出等，都可以自行討論。

4 **發展運作方式：**要不要先收費支付聚會地點的費用、多久聚一次會、可以線上實體並行嗎……，這些都可以互相討論，找到合適的方式。重點是要創造一個大家安心分享的環境，但又不會造成彼此的負擔。

除了從別人那裡得到力量之外，在組織內也別忘了**為自己發聲**。在日本和台灣職場都有豐富經驗的作家近藤弥生子分享：在日本，有些事情是女性職員的「內定作業」，包括倒茶水、安排飯局時找餐廳訂位、買給客人的禮物等；但在台灣，則是以專案負責人為主，誰的客人就由誰負責。說到底，這跟企業文化和對角色的期待有很大關係。

我曾經遇過一位美國女生，雖然工作經驗尚淺，卻很會設立邊界，確保遊戲規則對自己是公平的。有一次客戶來訪，執行長帶著她一起與會；會議結束後，桌上的咖啡和垃圾，她只收自己的。這幕對我來說文化衝擊太大了，如果是在台灣，怎麼說都是最菜的要做這些事吧！

她事後跟我說：「其實我內心也很掙扎，明明是隨手就可以做的事，我又是最資淺的，很想乾脆幫大家收一下就好了。但如果第一次做了，就表示我覺得自己是應該做這些事的人，以後也不會有人幫我說話了。」

對於在東亞文化中長大，覺得「可以做什麼就盡量做」，所以不知不覺事情越攬越多的我來說，那無疑是一記當頭棒喝。「如果連你都不幫自己，沒有人會幫你！」在那刻，我深深學習到了。

近年來，歐美企業界逐漸重視ＤＥＩ（diversity, equity and inclusion，即多元、平等、共融）；簡單來說，就是某個組織做決策（尤其是錄用決策）時，是否能顧及性別／族群多元性。

從政府、企業各層級都在推動政策，目標或許就是在某個理想的時空裡，沒有人會因為任何程度的不一樣而有冒牌者經驗。當然，ＤＥＩ才剛開始，還有很長一段路要走。

人類學家是這樣譬喻的：海裡面有兩隻魚，一隻問：「嗨，今天的水如何？」另外一隻回答：「水是什麼東西？」沒有感覺是最好的感覺，我期待那一天的到來。

編按：造訪MasterMinds groups — Meetup，請掃描QR code。

【結語】與冒牌者經驗共處、畢業

我很喜歡一本繪本《我和怕怕》[1]，故事描述移居到新國家的小女孩克服心中害怕的故事。繪本中把害怕擬人化，是會隨著恐懼程度變大或縮小、長得像可愛版幽靈的「怕怕」。

在陌生環境中，小女孩的怕怕越變越大、大到阻止她出門、交朋友，後來碰到一位善意男孩的幫忙，才讓怕怕慢慢縮小，於是她也可以帶著怕怕探索新城市。故事最後，怕怕依然和女孩如影隨形，但已經不會大到困住她。而且，她發現大家都有自己的怕怕。

或許冒牌者經驗也像怕怕一樣，會變大縮小，但不一定會完全消失。而我們能做的就是努力讓「冒冒」乖乖待著，不要拉住或困住我們，不要讓我們裹足不前、錯過職涯或人生道路上的美麗風景。

沒有地圖的旅程

跟冒牌者經驗對抗的過程不像百米賽跑可以衝刺完成，也不像馬拉松一樣有明確的補水站、折返點、終點；更多時候你會像在森林裡行進一樣，一邊摸索著往前、一邊要對付會無預警出現的樹木、大坑、猛獸，甚至必須往回跑一大段才能繞過障礙。麗莎・歐貝–奧斯丁和理查・歐貝–奧斯丁借用成癮症裡面偶發（lapse）和復發（relapse）的概念，說明和冒牌者經驗長期相處應該有的認知。

偶發是指短時間、小程度的出現，像是被告知升職時心裡有短暫的自我懷疑，但還是接受新挑戰；復發是指持久性地造成阻礙，像是到新職位後連續加班好幾個月，擔心如果不這樣，自己就會被解僱。

當我們追求從冒牌者經驗畢業時，你還是會不斷經歷偶發，這很正常。你的目標應該放在讓偶發比復發多，而且影響程度越來越小，不會讓你在做關鍵決定時受到影響[2]。

當然，途中你會經歷：「為什麼我還是這樣？我是不是一輩子都會這樣？」的沮喪時刻，次數可能還不少。這段過程不會像減重可以計算減少幾大卡等於幾公斤、教練會跟你說停滯期大概多久、這時候可以做什麼之類……，更多時候，你根本不知道自己在哪裡，或要怎麼繼續下去。

暢銷作家史蒂芬．蓋斯提醒一個觀念：**不要追求最好的道路，所有道路都有價值**[3]。我偶然發現日文裡「奇蹟」和「軌跡」的唸法一樣，深深感動於其中的禪意。

我們所經歷的、自以為的挫敗和不堪，那些奮力掙扎最後還是無法如願的時候、面臨痛苦到懷疑人生的低谷，或感到膽怯而裹足不前的時刻，都是我們的軌跡；而這些軌跡一點一點累積起來，或許就是一種奇蹟的樣子。

在往目標邁進的同時，給自己的路線多些彈性、給自己多些彈性；不管方向或結果如何，邁開步伐就值得慶祝。

放下「應該」，追求意義

至於要往哪裡走，放下「應該」，運用你的天賦和才華，創造並發掘工作和生命的意義。當然，過程中你的「冒冒」一定會變大、變很大，他會說：「沒錯，你在這方面或許有點能力，但比你厲害的人多的是，你確定用這個可以賺錢嗎？」或「你是要養家活口、還是要做想做的事，只能二選一。」

放下「應該」是指放下框架，把眼光放大，像在電動遊戲裡面開啟新地圖一樣。

你喜歡做糕點、大家吃過都讚不絕口，不代表你可以開一家甜點店，但你可以開始嘗試。從限量接單、家庭烘焙，從親友開始。我有個朋友就是這樣兼作蛋糕師傅和獸醫師，他的訂單已經排到半年以後。

能力不夠強、不夠厲害，怎麼辦？我有一次「冒冒」變超大、到處道歉、幾乎要放棄一份工作時，導演盧建彰跟我說：「妳要零負評的人生嗎？我做的佛跳牆零負評喔，因為我從來沒做過。」他說：「妳把這件事做出來了，就是好的，因為如果沒有妳，這件事根本不會發生。不要去檢討怎樣可以更好，既然有能力，就是種幸運，就該分享給世界，否則就太自私了。」那段話我不時拿出來反覆咀嚼，他也寫成文章分享出來，實在有夠不自私的[4]。

仔細想想，我或許就是把太多「應該」放在身上了，才會覺得所有沒有圓滿成功的事情都是失敗。但其實這是有區分的，單純自己一個人造成的才叫「失敗」，像是走路滑手機撞到樹、想要七點起床卻賴床、email寄給錯的人。

如果有其他人的因素，就變成機率問題，像是邀請人家看電影、獲得面試機會、業績達到目標，或訂閱人數突破多少[5]。當然有些人可以做得很好，但這些事情的結果並不是完全掌握在你手中，期待自己「應該」要做到，是真的有點太嚴苛了。

當你有想做的事情，寫下來、貼在顯眼的地方，就開始去做；如果不知道要做什麼，試著從做好手上的事情開始吧，這些都是戰勝害怕的開始。

平凡很好

Marketing Charts在二〇一九年的研究指出，一般網路使用者平均每天會接觸到一千七百則廣告[6]；到了二〇二二年，美國人每天看到的廣告則是四千到一萬則之間[7]，而這些廣告都在不斷地推播同一種暗示：「你的現況還不夠好，我可以幫你改善」。

不管是保養品、健康食品、衣服、理財服務、專案管理平台，它們傳達的訊息都是：「買了我，你的生活會更輕鬆／更方便／更有效率／更美好。」每天被幾千次這樣轟炸，我們很容易忘記「足夠」的概念。

而史蒂芬．蓋斯提醒：你的足夠只有你自己能定義——你需要多少薪水、你需要什麼車、你需要什麼樣的房子、你的孩子需要什麼教育……，都是你要問自己的。

整體文化追求「非凡」，連週末都好像一定要做些有趣的事，才有辦法在週一的茶水間裡說上兩句。我們的目光總是看向媒體上的網紅名人或運動明星，好像跟他們拿一樣的包、吃一樣的餐廳，就可以沾到一些他們的生活品味。

但現實是，大部分人的生活不是經過企劃的節目、沒有萬梗齊發的有趣，我們只是日復一日、平凡地、用自己的方式生活著。如果你只想要跟媒體上的人一樣，其中巨大的差距只會徒增你的冒牌者經驗與孤獨感[8]。

我最喜歡的一個ＩＧ帳號，粉絲只有二十四個人，照片不常更新，分享的也都是日常到不行的街景：紅綠燈、電線桿、停在停車場的車子、工廠招牌，或在路邊施工的挖土機。當我覺得累的時候，這些影像總會為我帶來一種腳踏實地的療癒。這麼平凡的事物、這麼平凡的生活片段，讓我覺得很好。什麼都不做的週末很好，沒有旅遊計畫的夏天很好。平凡很好。

讓時間發揮魔法

對日本傑尼斯偶像沒什麼關注的我，最近看到日劇《我家的故事》簡直嚇到下巴都要掉下來了。「這是誰？長瀨智也什麼時候變這樣了！」我印象還停留在金色長髮、清瘦的偶像櫻庭裕一郎（二〇〇一年日劇《女婿大人》中的角色），怎知一回頭，他已經變成壯碩粗獷的中年爸爸了。

看到電影《地獄犬：竹之家》和影集《神祕殺人事件》時，我又驚嚇地揉了眼睛好幾次，把黑道殺手演得活靈活現的岡田准一和森田剛是誰，該不會就是偶像團體V6的那兩個!?印象中他們還青春洋溢地唱著〈Darling〉（二〇〇三年發行的單曲）啊，怎麼才過一下子，他們就變成這種飽經世故、眼神滄桑的殺手了。

喝一杯水冷靜下來後，算算我的印象都是二十年前的事了，他們的這些變化比吃飽就想睡覺還正常，何況現在連傑尼斯這個名字都走入歷史了。天生臉盲的我，一邊google試圖拼湊出軌跡、確定真的是他們，一邊驚嘆「這就是時間的魔法啊」。

網路上已經流行過好幾輪的公式，一・〇一的三六五次方等於三七・八，鼓勵我們每天如果多努力〇・〇一，一年以後就會變成三七・八倍。對抗冒牌者經驗的路上也是，只要不時進步一點點，讓時間發揮魔法，我們就會慢慢變好。

當然，這個過程不會像數學公式這麼容易，不過就像戒菸，達到目標前總是峰迴路轉嘛。話說回來，我覺得中年偶像們比起以前有不同的味道。謝謝時間，可以看到二十年後的他們，真是太好了。

把奮戰的過程變成優勢

在漫長的過程之後，有人可以完全從冒牌者經驗中畢業，一路升職的美國國家公共廣播電台（National Public Radio）前任總裁兼首席執行長薇薇安・席勒（Vivian Schiller）說她在五十八歲時第一次感覺：「我沒有冒牌者症候群了」。但也有人像蜜雪兒・歐巴馬一樣，「冒冒」還是在她的生活中。

記得「奇蹟」和「軌跡」的概念嗎？完全從冒牌者經驗中畢業或許是條漫長的路，但這段過程卻有可能是你的禮物。每一次你讓「冒冒」的聲音小一點，都是一個光輝時刻，就像每次從感冒中康復，你的免疫系統就又變強了一樣。透過這段過程，更認識自己、了解自己的想法和價值、熟悉自己在心理壓力下的反應……，每一項都是寶貴的經驗。這段奮鬥的過程，甚至是你的優勢。

當團隊中有人碰到類似經驗時，你覺得一路奮鬥過來的你比較能幫忙，還是從頭到尾覺得自己光芒萬丈的那位？我們知道那種自覺不夠好、害怕被拆穿、老是如履薄冰的感覺，這些恐懼和脆弱，會轉換成同理心和包容，進而變成堅強的引導與支持力量。

你會因此成為一個更好的同事、主管、導師、團隊成員，更能做出貢獻，你會因此成為一個更好的自己。布芮尼．布朗說：「只要能肯定自己的優點，那些優點就能成為你達成目標的工具。」無論冒牌者經驗是否畢業，你的奮戰經驗都是優點，都是你進入畢業班聯誼會、走向畢業典禮的資格。

英文諺語說：「事情總有光明面。」（Every cloud has a silver lining.）華頓商學院教授亞當．格蘭特就指出：冒牌者經驗可能會讓我們成為更好的職場工作者，因為更有動力（覺得自己不夠好），願意嘗試新方法（覺得自己的方法不是最好的，更願意聽取意見），成為更好的領導者（覺得自己知識不夠，會主動探尋意見）[9]。

有時候禮物不見得只是某些才華或能力那種包裝得漂漂亮亮的東西，反觀你的出身、環境、劣勢、碰過的挫折……都是禮物，才是老天爺要給你的珍貴禮物，只不過用了一堆又髒又爛又臭的外衣來包裝。我們的冒牌者經驗，換個角度看，是一種其他人買也買不來的獨特先天條件。

在跟冒牌者經驗奮鬥了幾十年過後，我還是沒有畢業，但現在已經可以跟我的「冒冒」和平相處了。我知道冒冒時不時會變大，但我也知道有些方法，可以讓它不要大到影響我的職場生活；我知道冒冒會如影隨行、無所不在，但我也知道在關鍵時刻讓它乖乖待著的方法。

我剛接受某國際企業女性領導人培訓計畫的訪問，他們請我分享身為女性領導人的經驗與心法。我說：「我不覺得自己算是領導人，我只是個上班族。不過我可以分享身為少數族群、又要領導一個團隊碰到的挑戰，以及我學習到的經驗。」後來得知，這樣誠實敘述自己身邊有個冒冒，反而讓他們覺得我可以信賴，而不只是個高高在上的人。

回到「冒冒」這個禮物，你覺得比不上別人嗎？害怕被主管發現你不夠格嗎？好好看一下你手上的禮物是什麼。現在，拿著這份禮物，向前邁進吧！

【後記】

寫這本書的過程中，我又狠狠地經歷了無數次冒牌者經驗。那些真正的作家，想必都是喝著花茶、在悠揚的樂音中輕快敲著鍵盤、優雅地完成讓世界為之驚艷的作品吧？他們或許順便還管理了好幾間公司、開了大受好評的課程、做了叫好又叫座的podcasts，或拯救了世界好幾遍。而我，此刻桌子上堆滿參考書籍和便利貼、腦子一團混亂、電腦上重複播放某首歌曲已經第六天還是第九天了。我忘了上次吃東西是什麼時候，窗外的天色亮了又暗，我卻還在電腦螢幕微弱的光線中掙扎。

The Verve（神韻樂團）說：人生就是一首苦樂交織的交響曲，寫書或許也差不多。雖然痛苦，但我因此認識到不少人，很多還變成了朋友；也是因為書，我收到一輩子都想像不到、來自世界各地的善意和愛（當然也不乏酸意和批評，不過沒關係）。經過五年再次鼓起勇氣寫書，謝謝方舟團隊的淑雯、多多、文薰給了我許多力量。感謝書中每個慷慨分享自身故事的人們，他們的個資或許基於隱私經過修改，但每個生命經驗都一樣深刻。謝謝攝影師造型團隊愷云、莎莎、愛可，在巴黎時尚週和金鐘獎之間硬擠出時間為我拍照。謝謝知名球評曾文誠（曾公）一路溫暖鼓勵，希望我以後也可以成為這樣強大而溫暖的人。謝謝願意幫我寫推薦語的國內外大神們：米凱拉．穆希格（Michaela Muthig）、法蘭．豪瑟（Fran Hauser）、潔薩米．希伯德（Jessamy Hibberd）、藤吉雅春、竹下隆一郎、張國洋Joe、楊士範（馬力歐）、葉丙成教授、楊斯棓醫師、謝文憲（憲哥）、王永福（福哥）。他們每分鐘都在忙著改變世界，但不管他們行程多滿，每位都是一口答應、慷慨地提攜我這個冒牌者，交稿時甚至不忘鼓勵我，由衷感激他們為這本書帶來不同的視野。

謝謝家人，尤其是我的先生和孩子，如果沒有他們，這本書永遠會在我腦中暗處的抽屜裡。謝謝爸爸媽媽，教養一個內向、高敏感、從小就是冒牌者的孩子想必很不容易，但在你們的照顧之下，我也是長到這麼大了呢。上本書去了許多國家之後，我漸漸知道身為台灣作者有多麼幸運。台灣出版業和社會的多元、包容，讓我這樣一個無名人士有了當作者的機會。願這塊土地永遠有她自己的樣子、自己的聲音。

最後，謝謝讀到這邊的你。希望這本書能成為你的陪伴，就像咖啡、樂音、早晨的清香或一陣微風。我們或許會見面、或許不會，但你不會孤單。如果願意，歡迎加入臉書私密社團「冒牌者聯盟」，我們可以繼續成為彼此的支持。當然，最希望的是有天你可以從冒牌者經驗畢業、把這本書丟掉，那時我會打從心裡為你開心。

一起來出版，2023年。

[4] 後來寫成文章「謝謝，只叫」
https://www.brain.com.tw/news/articlecontent?ID=48840&sort=

[5] 同**[3]**。

[6] Marketing Charts (2019). How many online display ads do people see each month? Retrieved from https://www.marketingcharts.com/advertising-trends/ad-spending-and-costs-51182

[7] How Many Ads Do We See a Day? 17 Insightful Stats
https://webtribunal.net/blog/how-many-ads-do-we-see-a-day/#gref

[8] 《我已經夠好了：克服自卑！從「擔心別人怎麼想」，到「勇敢做自己」》（*I Thought It Was Just Me (but it isn't): Making the Journey from "What Will People Think?" to "I Am Enough"*），布芮尼・布朗（Brené Brown），馬可孛羅，2014年。

[9] Grant, A. (2021). *Think Again: The Power of Knowing What You Don't Know.* Viking.

賞；https://mojim.com/twy100717x16x6.htm歌曲〈Legacy〉歌詞。

[3] Eminem: The Rolling Stone Interview
https://www.rollingstone.com/music/music-features/eminem-the-rolling-stone-interview-55203/

[4] 2021年，台灣有超過67.46%的房屋，是沒有電梯（且樓梯間狹窄，不適合加裝扶把電梯）的公寓住宅。
https://www.merit-times.com/NewsPage.aspx?unid=806812

[5] Sideline to Byline: 'Tiger' uplifts discussion on mental health
https://dailytrojan.com/sports/2021/02/08/sideline-to-byline-tiger-uplifts-discussion-on-mental-health/

[6] 伊莉莎白．霍姆斯的故事可參考《惡血：矽谷獨角獸的醫療騙局！深藏血液裡的祕密、謊言與金錢》（*Bad Blood: Secrets and Lies in a Silicon Valley Startup*），約翰．凱瑞魯（John Carreyrou），商業周刊，2018年。

[7] 亞當．紐曼的故事可參考《億萬負翁：亞當．紐曼與共享辦公室帝國WeWork之暴起暴落》（*Billion Dollar Loser: The Epic Rise and Spectacular Fall of Adam Neumann and WeWork*），里夫斯．威德曼（Reeves Wiedeman），行路，2022年。

[8] https://careher.net/好的同事帶你上天堂-建構你的辦公室-SUPPORT-NET/

[9] Jane E. D.(2003). *Energize Your Workplace: How to Create and Sustain High-Quality Connections at Work*. Jossey-Bass.

[10] Napoleon Hill's definition, Mastermind

https://vicinanzaedwardandelise.com/napoleon-hills-definition-mastermind/

[11] Forbes. 7 Reasons To Join A Mastermind Group.
https://www.forbes.com/sites/chicceo/2013/10/21/7-reasons-to-join-a-mastermind-group/

[12] Harvard Business Review. Create a "Mastermind Group" to Help Your Career
https://hbr.org/2015/08/create-a-mastermind-group-to-help-your-career

【結語】與冒牌者經驗共處、畢業

[1] 《我和怕怕》（*Me and My Fear*），法蘭切絲卡．桑娜（Francesca Sanna），字畝文化，2018年。

[2] Orbé-Austin, L. and Orbé-Austin, R. (2020). *Own Your Greatness: Overcome Imposter Syndrome, Beat Self-Doubt, and Succeed in Life*. Ulysses Press.

[3] 《如何成為不完美主義者：不完美才完整，從小目標到微習慣，持續向前的成功逆思維》（*How to Be an Imperfectionist: The New Way to Fearlessness, Confidence, and Freedom from Perfectionism*），史蒂芬．蓋斯（Stephen Guise），

Part 5 冒牌者經驗讓你變得更強大

內向冒牌者，接納自己與眾不同

[1] An Introvert's Guide to Beating Imposter Syndrome https://introvertdear.com/news/an-introverts-guide-to-beating-imposter-syndrome/

[2] An Introvert's Guide to Beating Imposter Syndrome https://www.beyondintroversion.com/post/an-introvert-s-guide-to-beating-imposter-syndrome

[3] 簡報檔可見https://www.scribd.com/document/440970657/Why-I-m-Not-Crazy-Todd-McKinnon-Okta-002#

跨文化職場中的冒牌者

[1] World Economic Forum. Global Gender Gap Report 2023 https://www.weforum.org/reports/global-gender-gap-report-2023/

[2] https://www.wikiwand.com/zh-tw/高情境文化與低情境文化

[3] 《文化地圖：掌握「文化量表」讓自己成為國際化人才》（*The Culture Map: breaking through the invisible boundaries of global business*），艾琳．梅爾（Erin Meyer），好優文化，2017年。

[4] Language Distance. Wikipedia. https://en.wikipedia.org/wiki/Linguistic_distance

[5] Bravata, D., Watts, S., & Joseph, N. (2019). A grounded theory exploration of imposter phenomenon in Latinx college students. *Journal of Hispanic Higher Education,* 18(2), 99-116.

[6] Wang, L. (2013). Chinese American business culture: Context, characteristics, and communication. In L. A. Samovar, R. E. Porter, & E. R. McDaniel (Eds.), *Intercultural Communication: A Reader* (14th ed., pp. 211-219). Cengage Learning.

[7] Sachdev, I. (2009). The successful Indian immigrant entrepreneur in the United States: A tale of seven cities. *Thunderbird International Business Review,* 51(1), 47-63.

[8] 《矽谷傳說臥底報告》，尼可（Nicolle），時報出版，2022年。

[9] Leung, A. K., Maddux, W. W., Galinsky, A. D., & Chiu, C. (2008). Multicultural experience enhances creativity: The when and how. *American Psychologist*, 63(3), 169-181.

[10] 換日線。「竹子天花板」：一個存在已久的用詞，為何突然在亞裔社群引爆歧視爭議？ https://crossing.cw.com.tw/article/14645

勇敢當個獨一無二的人

[1] 維基百科 https://zh.wikipedia.org/zh-tw/Eminem

[2] https://www.youtube.com/watch?v=GBIi2vhPgEM&t=1s 歌曲〈Legacy〉影音欣

[10] 《一開口，任何人都說好：突破僵局、打動人心的困境談判術》（*Getting Past No: Negotiating in Difficult Situations*），威廉・尤瑞（William Ury），樂金文化，2022年。

減法思維處理人際關係

[1] http://ent.sina.com.cn/m/c/2003-12-08/0909248431.html

[2] 《成為這樣的我：蜜雪兒・歐巴馬》（*Becoming*），蜜雪兒・歐巴馬（Michelle Obama），商業周刊，2018年。

[3] 《拒絕職場情緒耗竭：24個高情商溝通技巧，主動回擊主管、同事、下屬的情緒傷害》，張敏敏，天下雜誌，2021年。

[4] 《開口就說對話：如何在利害攸關、意見相左或情緒失控的關鍵時刻話險為夷？》（*Crucial Conversations Tools for Talking When Stakes Are High, Second Edition*），凱瑞・派特森（Kerry Patterson）、喬瑟夫・葛瑞尼（Joseph Grenny）、朗恩・麥米倫（Ron McMillan）、艾爾・史威茨勒（Al Switzler），麥格羅希爾，2012年。

[5] 同**[4]**。

主管不必當超人

[1] 《冒牌者症候群：面對肯定、讚賞與幸福，為什麼總是覺得「我不配」？》（*The Imposter Cure: Escape the mind-trap of imposter syndrome*），潔薩米・希伯德（Jessamy Hibberd），商周出版，2019年。

[2] Richard Branson (2011). *Losing My Virginity: How I Survived, Had Fun, and Made a Fortune Doing Business My Way*. Currency.

[3] https://www.businessinsider.com/elon-musk-suffers-self-doubt-over-public-speaking-2019-6

[4] HR Professionals Discuss 14 Ways To Defeat The Imposter Syndrome https://councils.forbes.com/profile/Rick-Hammell-Founder-Chief-Executive-Officer-Atlas/968b2d8c-adaa-4713-b61a-83f3381f888c

[5] Billionaire Richard Branson has this advice for overcoming self-doubt https://www.cnbc.com/2021/07/27/billionaire-richard-branson-has-this-advice-for-overcoming-self-doubt.html

[6] 《召喚勇氣：覺察情緒衝擊、不逃避尖銳對話、從心同理創造真實的主導力》（*Dare to Lead*），布芮尼・布朗（Brené Brown），天下雜誌，2020年。

[7] Kim Scott (2017). *Radical Candor: Be a Kick-Ass Boss Without Losing Your Humanity.* St. Martin's Press.

冒牌者的自我行銷，先求有再求好

[1] 《如何成為不完美主義者：不完美才完整，從小目標到微習慣，持續向前的成功逆思維》(*How to Be an Imperfectionist: The New Way to Fearlessness, Confidence, and Freedom from Perfectionism*)，史蒂芬・蓋斯（Stephen Guise），一起來出版，2023年。

[2] 《沒權力也能有影響力》(*Influence without Authority*)，亞倫・柯恩（Alan Cohen）、大衛・布雷福德（David Bradford），臉譜，2012年。

[3] 肉眼看不見的棒球—認識大聯盟數據分析系統 - MLB - 棒球 | 運動視界 Sports Vision，https://www.sportsv.net/articles/60638

[4] 【大聯盟小百科】捕手偷好球（Catcher Framing）
http://jackybaseball.blogspot.com/2020/04/catcher-framing.html

[5] Young, V. (2011). *The Secret Thoughts of Successful Women: And Men: Why Capable People Suffer from Imposter Syndrome and How to Thrive In Spite of It.* Crown Currency.

[6] 《說出影響力：人人說話都能有份量的26種技巧》，謝文憲，春光，2011年。

冒牌者的談判策略，化阻力為助力

[1] 《柔韌：善良非軟弱，堅強非霸道，成為職場中溫柔且堅定的存在》(*The Myth of the Nice Girl: Achieving a Career You Love Without Becoming a Person You Hate*)，法蘭・豪瑟（Fran Hauser），時報出版，2019年。

[2] 由赫勃・艾克曼（Herb Ackerman）提出的五步驟談判法，包括設定目標、設定底線、計算第一次開價金額、計畫讓步的時機和金額、討論非貨幣條件。

[3] M.A. Jack Chapman (2011). *How to Negotiate Your Salary and Earn More Money.* Mount Vernon Press.

[4] 《哈佛這樣教談判力：增強優勢，談出利多人和的好結果》(*Getting to Yes*)，羅傑・費雪（Roger Fisher）、威廉・尤瑞（William Ury）、布魯斯・派頓（Bruce Patton），遠流，2013年。

[5] https://twitter.com/AdamMGrant/status/1450475032312963075

[6] 同[1]。

[7] 《FBI談判協商術：首席談判專家教你在日常生活裡如何活用他的絕招》(*Never Split the Difference: Negotiating As If Your Life Depended On It.*)，克里斯・佛斯（Chris Voss）和塔爾・拉茲（Tahl Raz），大塊文化，2016年。

[8] http://www.greatest-inspirational-quotes.com/inspirational-sales-quotes.html

[9] 《華頓商學院最受歡迎的談判課：上完這堂課，世界都會聽你的》(*Getting More: How to Negotiate to Achieve Your Goals in the Real World*)，史都華・戴蒙（Stuart Diamond），先覺，2011年。

[5] 《我們身上有光：照亮不確定的時刻》（*The Light We Carry: Overcoming in Uncertain Times*），蜜雪兒・歐巴馬（Michelle Obama），商業周刊，2023年。

[6] Michelle Obama on Princeton https://www.insidehighered.com/news/2018/11/14/michelle-obama-talks-about-her-experience-princeton-first-time-new-book

冒牌者的對外溝通術，重點是不卑不亢

[1] 王永福老師開的「專業簡報力」課程，目前已不開班。可參考《上台的技術》一書。

[2] 《這樣開會，最聰明！：有效聆聽、溝通升級、超強讀心，史上最不心累的開會神通100招！》（*100 Tricks To Appear Smart In Meetings: How to Get By Without Even Trying*），莎拉・古柏（Sarah Cooper），時報出版，2017年。

[3] Maura A. Belloveau (2012). Engendering Inequity? How Social Accounts Create vs. Merely Explain Unfavorable Pay Outcomes for Women. *Organization Science*, 23(4). https://psycnet.apa.org/record/2012-19869-013

冒牌者的目標管理關鍵

[1] Emmons, R. A. (1996). *The psychology of ultimate concerns: Motivation and spirituality in personality.* Guilford Press.

[2] 盧建彰〈我要學他，笑笑的〉，《小日子》。
https://onelittleday.com.tw/盧建彰｜我要學他笑笑的/

[3] Locke, E. A., & Latham, G. P. (2006). New directions in goal-setting theory. *Current Directions in Psychological Science*, 15(5), 265-268.

大步向前！面對新挑戰、轉職和重大決定

[1] 《異數：超凡與平凡的界線在哪裡？》（*Outliers: The Story of Success*），麥爾坎・葛拉威爾（Malcom Gladwell），時報出版，2009年。

[2] https://www.goodreads.com/quotes/209560-we-must-all-suffer-from-one-of-two-pains-the

[3] 什麼才是你人生中最重要的事？一張「價值觀清單」，重新認識自己 ©經理人 https://www.managertoday.com.tw/articles/view/52622?utm_source=copyshare

[4] 《走吧！去做你真正渴望的事：創造有意義人生的七分鐘微行動》（*The 7 Minute Solution*），艾莉森・路易斯（Allyson Lewis），天下雜誌，2014年。

[5] 《相信你自己：拋開內心小劇場，才知道自己有多強！獻給高敏人的職場逍遙指南》（*Trust Yourself: Stop Overthinking and Channel Your Emotions for Success at Work*），美樂蒂・懷爾汀（Melody Wilding），方舟文化，2022年。

[6] 《柔韌：善良非軟弱，堅強非霸道，成為職場中溫柔且堅定的存在》（*The Myth of the Nice Girl: Achieving a Career You Love Without Becoming a Person You Hate*），法蘭・豪瑟（Fran Hauser），時報出版，2019年。

https://www.zellalife.com/blog/imposter-syndrome-at-work/

[6] Fighting imposter syndrome: What HR can do.
https://www.hrmorning.com/news/how-to-fight-imposter-syndrome/

[7] 同[2]。

[8] TechTello. How To Promote a Growth Mindset in the Workplace.
https://www.techtello.com/how-to-promote-growth-mindset-in-workplace/

[9] 同[6]。

[10] 同[2]。

[11] Addressing Imposter Syndrome: What Employers Can Do
https://www.shrm.org/hr-today/news/hr-news/pages/addressing-imposter-syndrome-what-employers-can-do-.aspx

[12] How HR can help overcome the imposter syndrome
https://nailted.com/blog/how-hr-can-help-overcome-the-imposter-syndrome/#Overcoming_imposter_syndrome_with_these_10_methods

[13] 'Fake it till you make it' : HR's role in stamping out imposter syndrome
https://www.hcamag.com/ca/specialization/diversity-inclusion/fake-it-till-you-make-it-hrs-role-in-stamping-out-imposter-syndrome/442070

[14] HR Reporter. Nearly 3 in 5 workers suffer from imposter syndrome
https://www.hrreporter.com/focus-areas/performance-management/nearly-3-in-5-workers-suffer-from-imposter-syndrome/366505

[15] 同[13]。

Part 4 冒牌者不再是職場成功的絆腳石

菜鳥、格格不入、才華不足的冒牌者

[1] https://en.wikipedia.org/wiki/Forbes

[2] 《我已經夠好了：克服自卑！從「擔心別人怎麼想」，到「勇敢做自己」》（*I Thought It Was Just Me (but it isn't): Making the Journey from "What Will People Think?" to "I Am Enough"*），布芮尼．布朗（Brené Brown），馬可孛羅，2014年。

[3] Bauer, T. N., & Erdogan, B. (2011). Organizational Socialization: The Effective Onboarding of New Employees. In S. W. J. Kozlowski (Ed.), *The Oxford Handbook of Organizational Psychology* (Vol. 1, pp. 153-176). Oxford University Press.

[4] 《冒牌者症候群：面對肯定、讚賞與幸福，為什麼總是覺得「我不配」？》（*The Imposter Cure: Escape the mind-trap of imposter syndrome*），潔薩米．希伯德（Jessamy Hibberd），商周出版，2019年。

[6] How Instagram Can Trigger Imposter Syndrome- And How to Overcome It. https://www.thechilltimes.com/how-instagram-can-trigger-imposter-syndrome-and-how-to-overcome-it/

[7] 《專注力協定：史丹佛教授教你消除逃避心理，自然而然變專注》（*Indistractable: How to Control Your Attention and Choose Your Life*），尼爾·艾歐（Nir Eyal）、李茱莉（Julie Li），時報出版，2020年。

[8] 《原子習慣：細微改變帶來巨大成就的實證法則》（*Atomic Habits: An Easy & Proven Way to Build Good Habits & Break Bad Ones*），詹姆斯·克利爾（James Clear），方智，2019年。

[9] Harris, R. (2008). *The Happiness Trap: How to Stop Struggling and Start Living: A Guide to ACT.* Trumpeter.

[10] 《凡事皆有出路》（*Everything is Figureoutable*），瑪莉·佛萊奧（Marie Forleo），天下雜誌，2020年。

[11] 科比·布萊恩被記者問到成功的祕訣時，他回答「你看過凌晨四點的洛杉磯嗎？我那時已出門訓練了。」https://www.morganmckinley.com.cn/en/article/what-kobe-teaches-us-how-have-successful-career

[12] 《拯救手機腦：每天5分鐘，終結數位焦慮，找回快樂與專注力》（*Insta-Brain*），安德斯·韓森（Anders Hansen），究竟，2022年。

[13] Dr. Anna Lembke (2021). *Dopamine Nation: Finding Balance in the Age of Indulgence.* Dutton.

負負得正的冒牌者聯盟

[1] The Safe Way of Sharing Your Shame Story https://www.huffpost.com/entry/brene-brown-shame_n_4282679

[2] 〈有效率經營妳的MENTORSHIP〉https://careher.net/ep-26/

沒有人是一座孤島！發展組織中的支持體系

[1] How to pair up employees for mentoring relationships https://www.bizjournals.com/bizjournals/how-to/human-resources/2017/10/how-to-pair-up-employees-for-mentoring.html

[2] 4 Ways to Combat Imposter Syndrome on Your Team https://hbr.org/2022/10/4-ways-to-combat-imposter-syndrome-on-your-team

[3] Designating a Mentor https://www.tutorialspoint.com/employee_onboarding/employee_onboarding_designating_a_mentor.htm

[4] 〈有效率經營妳的MENTORSHIP〉https://careher.net/ep-26/

[5] Imposter Syndrome at Work: Identifying and Overcoming Self-Doubt

[9] Duckworth, A. L., et al. (2011). Self-regulation strategies improve self-discipline in adolescents: Benefits of mental contrasting and implementation intentions. *Educational Psychology*, 31(1), 17-26.

增強信心、提升自我價值的策略

[1] Kruger, J. & Dunning, D. (1999), "Unskilled and unaware of it: how difficulties in recognizing one' s own incompetence lead to inflated self-assessments." *Journal of Personality and Social Psychology,* 77(6), 1121-34.

[2] 《冒牌者症候群：面對肯定、讚賞與幸福，為什麼總是覺得「我不配？」》（*The Imposter Cure: Escape the mind-trap of imposter syndrome*），潔薩米・希伯德（Jessamy Hibberd），商周出版，2019年。

[3] 《連我都不了解自己內心的時候：韓國90萬人的線上心理師，陪你重新理解不安、憂鬱與焦慮，找到痛點，正視內心的求救訊號》（내 마음을 나도 모를 때），梁在鎮（양재진）、梁在雄（양재웅），方舟文化，2022年。

[4] 《我已經夠好了：克服自卑！從「擔心別人怎麼想」，到「勇敢做自己」》（*I Thought It Was Just Me (but it isn't): Making the Journey from "What Will People Think?" to "I Am Enough"*），布芮尼・布朗（Brené Brown），馬可孛羅，2014年。

[5] Brené Brown, "Finding Shelter in a Shame Storm (and Avoiding the Flying Debris)" Oprah.com, https://www.oprah.com/spirit/brene-brown-how-to-conquer-shame-friends-who-matter

[6] Mann, S. (2019). *Why Do I Feel Like an Imposter? How to understand and cope with imposter syndrome.* Watkins.

[7] 《心態致勝：全新成功心理學》（*Mindset: The New Psychology of Success.*）。天下文化，2019年。

社群媒體排毒，有助於減輕冒牌者症狀

[1] https://zh.wikipedia.org/wiki/錯失恐懼症

[2] 或稱Y世代，指1981年到1996年之間出生的世代。

[3] Why So Many Millennials Experience Impostor Syndrome https://www.forbes.com/sites/christinecarter/2016/11/01/why-so-many-millennials-experience-imposter-syndrome/?sh=1cefc1ca6aeb

[4] Galante & Alam (2019). The Impact of Social Media on Self-Perception Among College Students. *Annals of Social Science & Management Studies*: 4(1), 3-9.

[5] Mishra & Kewalramani (2023). Social Media Use Maladaptive Daydreaming and Imposter Phenomenon in Younger Adults. *Journal of Advance Research in Science and Social Science*: 6(1).

at Work），美樂蒂・懷爾汀（Melody Wilding），方舟文化，2022年。

[2] 《選3哲學：聚焦3件事，解決工作生活兩難，搞定你的超載人生》（*Pick Three: You Can Have it All (Just Not Every Day)*），蘭蒂・祖克柏（Randi Zuckerberg），遠流，2019年。

[3] 《如何成為不完美主義者：不完美才完整，從小目標到微習慣，持續向前的成功逆思維》（*How to Be an Imperfectionist: The New Way to Fearlessness, Confidence, and Freedom from Perfectionism*），史蒂芬・蓋斯（Stephen Guise），一起來出版，2023年。

[4] 同[1]。

[5] How Do You Know When it's Time to Quit? Forbes July 6, 2022 https://www.forbes.com/sites/forbescoachescouncil/2022/07/06/how-do-you-know-when-its-time-to-quit/

[6] https://twitter.com/tferriss/status/1461810153066541058?lang=en

建立面對挫折和失敗的韌性

[1] PISA 2018 Results (Volume III) : What School Life Means for Students' Lives. Chapter 13 Students' self-efficacy and fear of failure https://www.oecd-ilibrary.org//sites/2f9d3124-en/index.html?itemId=/content/component/2f9d3124-en#fig79

[2] David Bayles and Ted Orland (1993). *Art & Fear: Observations on the Perils (And Rewards) of Artmaking*. Santa Cruz, The Imagine Continuum Press.

[3] 《如何成為不完美主義者：不完美才完整，從小目標到微習慣，持續向前的成功逆思維》（*How to Be an Imperfectionist: The New Way to Fearlessness, Confidence, and Freedom from Perfectionism*），史蒂芬・蓋斯（Stephen Guise），一起來出版，2023年。

[4] 《害羞這迷人天賦：探究羞怯的多采世界，活出內向高敏者的優勢人生》（*Shrinking Violets: A Field Guide to Shyness*），喬・莫蘭（Joe Moran），奇光出版，2022年。

[5] 《把壞日子過好：MIT教授的七堂哲學課，擺脫無能為力，找到前進的力量》（*Life Is Hard: How Philosophy Can Help Us Find Our Way*），基倫・賽提亞（Kieran Setiya），商周出版，2022年。

[6] 《另我效應：用你的祕密人格，達到最高成就》（*The Alter-Ego Effect: The Power of Secret Identities to Transform Your Life*），陶德・赫曼（Todd Herman），采實文化，2021年。

[7] Why did Beyoncé create alter-ego Sasha Fierce — and does she still use it?https://www.mirror.co.uk/3am/celebrity-news/beyonc-create-alter-ego-sasha-27894824

[8] 同[7]。

[13]《如何成為不完美主義者：不完美才完整，從小目標到微習慣，持續向前的成功逆思維》（*How to Be an Imperfectionist: The New Way to Fearlessness, Confidence, and Freedom from Perfectionism*），史蒂芬・蓋斯（Stephen Guise），一起來出版，2023年。

[14] Thompson, T. Foreman,P., & Martin, F. (2000). Imposter fears and perfectionistic concern over mistakes. *Personality and Individual Differences,* 29(4), 629-47.

[15] Linley, P.A. & Joseph, S. (2004). Positive Change Following Trauma and Adversity: a review. *Journal of Tramatic Stress*, 17(1), 11-21.

[16] Tedeschi, R. G., & Calhoun, L. G. (2004). Posttraumatic growth: Conceptual foundations and empirical evidence. *Psychological Inquiry*, 15(1), 1-18.

[17]《用對情緒，可以幫自己療傷：做再好總會有人不爽你！你並非不夠好，而是對自己不夠好》，水島廣子，方言文化，2019年。

對抗冒牌者的心法練習

[1] 冒名頂替綜合症（*UND MORGEN FLIEGE ICH AUF.*）米夏艾拉・穆逖兮（Michaela Muthing），人民郵電出版社，2023年。

[2] Clance, P. & Imes, S. (1978). "The Imposter Phenomenon in High Achieving Women: Dynamics and Therapeutic Intervention." *Psychotherapy: Theory, Research & Practice*, Fall, 15(3): 241-247.

[3] Young, V. (2011). *The Secret Thoughts of Successful Women: And Men: Why Capable People Suffer from Imposter Syndrome and How to Thrive In Spite of It.* Crown Currency.

[4] Bravata et al. (2019). Prevalence, Predictors, and Treatment of Imposter Syndrome: a Systematic Review. *Journal of General Internal Medicine*: 2020 April, 35(4), 1252-1275.

[5] Athina Danilo (2022).*The Imposter Syndrome Workbook: Exercises to Boost Your Confidence, Own Your Success, and Embrace Your Brilliance.* Rockridge Press.

[6] Leahy R. and Holland, S. (2000). *Treatment Plans and Interventions for Depression Anxiety Disorders.* The Guilford Press.

[7]《冒牌者症候群：面對肯定、讚賞與幸福，為什麼總是覺得「我不配」？》（*The Imposter Cure: Escape the mind-trap of imposter syndrome*），潔薩米・希伯德（Jessamy Hibberd），商周出版，2019年。

Part 3 給冒牌者的專屬行動指南

設定合理、適合的目標

[1]《相信你自己：拋開內心小劇場，才知道自己有多強！獻給高敏人的職場逍遙指南》（*Trust Yourself: Stop Overthinking and Channel Your Emotions for Success*

[6] Michiel, P. (2018). How Important is "Likability" in Job Interviews. https://www.linkedin.com/pulse/how-important-likeability-job-interviews-paul-di-michiel/

[7] Competent Jerks, Lovable Fools, and the Formation of Social Networks by Tiziana Casciaro and Miguel Sousa Lobo (2005 June) https://hbr.org/2005/06/competent-jerks-lovable-fools-and-the-formation-of-social-networks

從內在開始，建立自我認知

[1] Mann, M., Hosman, C. M., Schaalma, H. P., & De Vries, N. K. (2004). Self-esteem in a broad-spectrum approach for mental health promotion. *Health Education Research*, 19(4), 357-372.

[2] Festinger, L. (1954). A theory of social comparison processes. *Human Relations*, 7(2), 117-140.

[3] Leary, M. R., Tambor, E. S., Terdal, S. K., & Downs, D. L. (1995). Self-esteem as an interpersonal monitor: The sociometer hypothesis. *Journal of Personality and Social Psychology*, 68(3), 518-530.

[4] Beck, A. T. (1967). *Depression: Clinical, Experimental, and Theoretical Aspects.* Harper & Row.

[5] Butler, A. C., Chapman, J. E., Forman, E. M., & Beck, A. T. (2006). The empirical status of cognitive-behavioral therapy: A review of meta-analyses. *Clinical Psychology Review*, 26(1), 17-31.

[6] Neff, K. D., Kirkpatrick, K. L., & Rude, S. S. (2007). Self-compassion and adaptive psychological functioning. *Journal of Research in Personality*, 41(1), 139-154.

[7] House, J. S., Landis, K. R., & Umberson, D. (1988). Social relationships and health. *Science*, 241(4865), 540-545.

[8] Sin, N. L., & Lyubomirsky, S. (2009). Enhancing well-being and alleviating depressive symptoms with positive psychology interventions: A practice-friendly meta-analysis. *Journal of Clinical Psychology*, 65(5), 467-487.

[9] Keng, S. L., Smoski, M. J., & Robins, C. J. (2011). Effects of mindfulness on psychological health: A review of empirical studies. *Clinical Psychology Review*, 31(6), 1041-1056.

[10] https://www.facebook.com/jackylec/posts/10160738627899194

[11]《擁抱B選項》（*Option B: Facing Adversity, Building Resilience, and Finding Joy*），雪柔・桑德伯格（Sheryl Sandberg）、亞當・格蘭特（Adam Grant），天下雜誌，2017年。

[12]《凡事皆有出路》（*Everything is Figureoutable*），瑪莉・佛萊奧（Marie Forleo），天下雜誌，2020年。

international-classification-of-diseases

[8] 請見網站 https://www.mindgarden.com/117-maslach-burnout-inventory-mbi

[9] HR Reporter. Nearly 3 in 5 workers suffer from imposter syndrome https://www.hrreporter.com/focus-areas/performance-management/nearly-3-in-5-workers-suffer-from-imposter-syndrome/366505

[10] Want & Kleitman (2006). "Imposter Syndrome and Self-handicapping: Links with parenting style and self-confidence." *Personality and Individual Differences*: 40: 961-971.

[11] Neureiter & Traut-Mattausch (2016). "An Inner Barrier to Career Development: Preconditions of the Impostor Phenomenon and Consequences for Career Development." *Organizational Psychology*, Volume 7.

[12] Clance, P. & Imes, S. (1978). "The Imposter Phenomenon in High Achieving Women: Dynamics and Therapeutic Intervention." *Psychotherapy: Theory, Research & Practice,* Fall, 15(3): 241-247.

[13] Basima Tewfik (2022). "The Imposter Phenomenon Revisited: Examining the Relationship between Workplace Imposter Thoughts and Interpersonal Effectiveness at Work." *Academy of Management Journal*: 65(3), 988-1018.

[14] Vergauwe, J., Wille, B., Feys, M., De Fruyt, F., and Anseel, F. (2015). "Fear of being exposed: the trait-relatedness of the impostor phenomenon and its relevance in the work context." *Journal of Business Psychology*: 30, 565-581.

[15] 同[10]。

Part 2 正面迎戰冒牌者的心法

告別冒牌者心態：你不是個錯誤，永遠不是！

[1] 取自 The Mental Fitness Company https://www.thementalfitnesscompany.com/perfectionism-or-high-standards/

[2] 《凡事皆有出路》（*Everything is Figureoutable*），瑪莉・佛萊奧（Marie Forleo），天下雜誌，2020年。

[3] https://www.goodreads.com/quotes/277700-luck-is-the-dividend-of-sweat-the-more-you-sweat

[4] 「曼陀羅九宮格思考法」由日本學者今泉浩晃發展，從1個核心主題（大目標），衍生出8項基礎思考，每個基礎思考，再發想出8項實踐思考，旨在拓展更多潛在想法，讓達成目標的過程更加清晰（取自《經理人月刊》）。

[5] 《柔韌：善良非軟弱，堅強非霸道，成為職場中溫柔且堅定的存在》（*The Myth of the Nice Girl: Achieving a Career You Love Without Becoming a Person You Hate*），法蘭・豪瑟（Fran Hauser），時報出版，2019年。

Workman Publishing Company.

[3] 心理學概要 http://goldensun.get.com.tw/file/Paper/KP/877.pdf

[4] Kahnweiler, J. B. (2013). *Quiet Influence: The Introvert's Guide to Making a Difference*. Berrett-Koehler Publishers.

[5] Helgoe, L. A. (2013). *Introvert Power: Why Your Inner Life Is Your Hidden Strength*. Sourcebooks.

[6] McGregor, J. and McGregor, T. (2013). *The Empathy Trap: Understanding Antisocial Personalities*. Sheldon Press.

[7] Kahnweiler, J. B. (2018). *The Introverted Leader: Building on Your Quiet Strength*. Berrett-Koehler Publishers.

[8] Wilson, M.M. (2016). *Introvert Doodles: An Illustrated Look at Introvert Life in an Extrovert World*. Adams Media.

[9] Zeff, T. (2004). *The Highly Sensitive Person's Survival Guide: Essential Skills for Living Well in an Overstimulating World*. New Harbinger Publications.

[10] Zeigler-Hill, V. and Marcus D. K. (2016). *The Dark Side of Personality: Science and Practice in Social, Personality, and Clinical Psychology*. American Psychological Association.

冒牌者如何影響工作表現和職涯發展？

[1] Mann, S. (2019). *Why Do I Feel Like an Imposter? How to understand and cope with imposter syndrome*. Watkins.

[2] Ferrari JR, Thompson T. (2006). Impostor fears: links with self-perfection concerns and self-handicapping behaviors. *Personality and Individual Differences*: 40(2):341-352.

[3] Thompson T, Foreman P, and Martin F. (2000). Impostor fears and perfectionistic concern over mistakes. *Personality and Individual Differences*: 29(4):629-647.

[4] Hutchins H.M., Penney L.M., and Sublett L.W. (2018). What imposters risk at work: exploring imposter phenomenon, stress coping, and job outcomes. *Human Resources Development Quarterly*: 29(1):31-48.

[5] Costs of Impostor Syndrome https://impostorsyndrome.com/wp-content/uploads/2022/03/CostsofImpostorSyndrome.pdf

[6] 《冒牌者症候群：面對肯定、讚賞與幸福，為什麼總是覺得「我不配」？》（*The Imposter Cure: Escape the mind-trap of imposter syndrome*），潔薩米．希伯德（Jessamy Hibberd），商周出版，2019年。

[7] Burn-Out an "occupational phenomenon" : International Classification of Diseases https://www.who.int/news/item/28-05-2019-burn-out-an-occupational-phenomenon-

[3] 同[2]。

[4] Bravata等人檢視過去33份有關冒牌者經驗的學術研究，其中17份研究認為冒牌者經驗和性別無顯著關係。
https://www.ncbi.nlm.nih.gov/pmc/articles/PMC7174434/

[5] Sakulku, J. and Alexander, J. (2011). The Impostor Phenomenon. *International Journal of Behavioral Sciences*: 6(1), 75-97.

[6] How does imposter syndrome show up for you. (2020).
https://www.nextlevelscoaching.com/blog/2020/8/19/how-does-imposter-syndrome-show-up-for-you

[7] Sakulku, J. and Alexander, J. (2011). The Impostor Phenomenon. *International Journal of Behavioral Sciences*: 6(1), 75-97.

[8] Young, V. (2011). *The Secret Thoughts of Successful Women: And Men: Why Capable People Suffer from Imposter Syndrome and How to Thrive In Spite of It.* Crown Currency.

[9] Wang & Li (2023). "The impostor phenomenon among doctoral students: a scoping review." *Educational Psychology*, Volumn 14.

[10] McGregor, Gee, and Posey (2008). "I Feel Like a Fraud and It Depresses Me: The relation between the imposter phenomenom and depression." *Social Behavior and Personality An International Journal* :36(1):43-48.

[11] Jaruwan Sakulku and James Alexander (2011). "The Impostor Phenomenon: Differential Effects of Gender Among Professional Workers." *International Journal of Behavioral Sciences*: 6(1), 73-92.

[12] McGregor, Gee, and Posey (2008). I Feel Like a Fraud and It Depresses Me: The relation between the imposter phenomenom and depression. *Social Behavior and Personality An International Journal* :36(1):43-48.

[13] Sakulku, J. and Alexander, J. (2011). The Impostor Phenomenon. *International Journal of Behavioral Sciences*: 6(1), 75-97.

[14] Estacio, E. V. (2018). *The Imposter Syndrome Remedy: A 30-Day Action Plan to Stop Feeling Like a Fraud.* CreateSpace Independent Publishing Platform.

[15] 從「武士道精神」到「Enjoy baseball」，慶應義塾睽違百年再奪冠為何被視為打破「甲子園神話」？https://www.thenewslens.com/article/190983/page2

內向者比較容易變成冒牌者嗎？

[1] Cain, S. (2013). *Quiet: The Power of Introverts in a World That Can't Stop Talking.* Crown.

[2] Laney, M. O. (2002). *The Introvert Advantage: How to Thrive in an Extrovert World.*

cope with imposter syndrome. Watkins.

[7] 《找回愛與尊重的自尊課：擁有安穩的自尊，安心成為自己，在關係裡自由自在》，蘇絢慧，三采，2019年。

[8] Egwurugwu, J. N. et al. (2018). Relationship between Self-Esteem and Impostor Syndrome among Undergraduate Medical Students in a Nigerian University. *International Journal of Brain and Cognitive Sciences*: 7(1): 9-16.

[9] Naser, M. J. et al. (2022). "Imposter Phenomenon and Self-Esteem: Influence on Mental Health and Academic Performance" *Front Med (Lausanne)*: 9: 850434.

[10] https://link.springer.com/referenceworkentry/10.1007/978-3-319-24612-3_2301

[11] Campbell, W. K., Sedikides, C., & Reeder, G. D. (1999). The mask of self-worth: Self-esteem, self-congruence, and social role. *Journal of Personality and Social Psychology*, 77(6), 129-142.

天才、專家，你是哪一種冒牌者？

[1] Mann, S. (2019). *Why Do I Feel Like an Imposter? How to understand and cope with imposter syndrome.* Watkins.

[2] Grammerly https://www.grammarly.com/blog/imposter-syndrome-quiz/

[3] Multidimensional Perfectionism Scale (Hewitt & Flett, 1991, 2004) https://hewittlab.sites.olt.ubc.ca/files/2014/11/MPS-RESEARCH-ONLY.pdf

[4] https://impostorsyndrome.com/wp-content/uploads/2022/03/The5TypesOfImpostors.pdf

[5] 《冒牌者症候群：面對肯定、讚賞與幸福，為什麼總是覺得「我不配」？》（*The Imposter Cure: Escape the mind-trap of imposter syndrome*），潔薩米・希伯德（Jessamy Hibberd），商周出版，2019年。

認識自己的冒牌者類型

[1] 《給總是認為自己不夠好的妳：女人值得更多掌聲，別讓冒牌者症候群影響妳的人生》（*Le Syndrome d'imposture*），伊麗莎白・卡多赫（Elisabeth Cadoche）、安娜・德蒙塔爾洛（Anne De Montarlot），時報出版，2022年。

我就這樣不行嗎？關於冒牌者的迷思

[1] Harvey, J., C. (1981). The impostor phenomenon an achievement: A failure to internalize success (Doctoral dissertation, Temple University). *Dissertation Abstracts International*, 42, 4969B.

[2] Clance, P. & Imes, S. (1978). "The Imposter Phenomenon in High Achieving Women: Dynamics and Therapeutic Intervention." *Pshychotherapy: Theory, Research & Practice*, 15(3): 241-247.

[3] Young, V. (2011). *The Secret Thoughts of Successful Women: And Men: Why Capable People Suffer from Imposter Syndrome and How to Thrive In Spite of It.* Crown Currency.

[4] 《冒牌者症候群：面對肯定、讚賞與幸福，為什麼總是覺得「我不配」？》（*The Imposter Cure: Escape the mind-trap of imposter syndrome*），潔薩米．希伯德（Jessamy Hibberd），商周出版，2019年。

[5] Estacio, E. V. (2018). *The Imposter Syndrome Remedy: A 30-Day Action Plan to Stop Feeling Like a Fraud.* CreateSpace Independent Publishing Platform.

[6] Henning, K. Ey, S. and Shaw, D. (1998). "Perfectionism, the Imposter Phenomenon, and Psychological Adjustment in Medical, Dental, Nursing and Pharmacy Students" *Medical Education*, Sep;32(5):456-64.

[7] Orbé-Austin, L. and Orbé-Austin, R. (2020). *Own Your Greatness: Overcome Imposter Syndrome, Beat Self-Doubt, and Succeed in Life*. Ulysses Press.

[8] Voznaya, A. (2023). Imposter Syndrome Unveiled: A Neuroscientific Exploration of Self-Doubt and Success. https://mentorcruise.com/blog/imposter-syndrome-unveiled-a-neuroscientific-exploration-of-self-doubt-and-success/

[9] Swart, T. (2019). Why Do You Need To Understand The Neuroscience of Imposter Syndrome. https://www.forbes.com/sites/taraswart/2019/08/08/why-you-need-to-understand-the-neuroscience-of-imposter-syndrome/?sh=1ba96d6880e7

[10] Chrousus, G. P et al. (2020). Focusing on the Neuro-Pshycho-Biological and Evolutionary Underpinnings of the Imposter Syndrome. https://www.frontiersin.org/articles/10.3389/fpsyg.2020.01553/full#B3

再多成功也不會有幫助！冒牌者的內在因素

[1] https://www.indiewire.com/features/general/tom-hanks-paul-newman-imposter-syndrome-road-to-perdition-1234761175/

[2] 25 Stars Who Suffer from Imposter Syndrome. https://www.yahoo.com/lifestyle/25-stars-suffer-imposter-syndrome-164500303.html

[3] Tom Hiddleston And The Cast Of Loki | The Art Of Imposter Syndrome https://www.gamebyte.com/tom-hiddleston-and-the-cast-of-loki-the-art-of-imposter-syndrome/

[4] I Want It to Be Worth It: An Interview With Emma Watson https://www.rookiemag.com/2013/05/emma-watson-interview/2/

[5] Quotes from 9 Successful and Powerful Women with Imposter Syndrome https://stressandanxietycoach.com/quotes-from-9-successful-and-powerful-women-with-imposter-syndrome/

[6] Dr. Sandi Mann(2019).*Why Do I Feel Like an Imposter? How to understand and*

參考資料

【作者序】你很棒，謝謝你已經這麼努力了！

[1] 取自podcast "WorkLife with Adam Grant" Reese Witherspoon on turning impostor syndrome into confidence https://www.ted.com/podcasts/reese-witherspoon-on-impostor-syndrome-confidence-transcript

【檢測】測一測你的冒牌者等級

[1] 參考資料：Clance IP Scale https://paulineroseclance.com/pdf/IPTestandscoring.pdf

Part 1 這樣就是冒牌者

咦，你說我是冒牌者嗎？

[1] Clance, P. & Imes, S. (1978). "The Imposter Phenomenon in High Achieving Women: Dynamics and Therapeutic Intervention." *Psychotherapy: Theory, Research & Practice*, Fall, 15(3): 241-247.

[2] 《冒牌者症候群：面對肯定、讚賞與幸福，為什麼總是覺得「我不配」？》（*The Imposter Cure: Escape the mind-trap of imposter syndrome*），潔薩米・希伯德（Jessamy Hibberd），商周出版，2019年。

[3] "You're not fooling anyone" (2007). John Gravois.

[4] https://impostorsyndrome.com/infographics/youre-not-alone/

[5] https://www.grammarly.com/blog/imposter-syndrome-quiz/

[6] Danilo, A. (2022). *The Imposter Syndrome Workbook: Exercises to Boost Your Confidence, Own Your Success, and Embrace Your Brilliance*. Rockridge Press.

[7] Young, V. (2011). *The Secret Thoughts of Successful Women: And Men: Why Capable People Suffer from Imposter Syndrome and How to Thrive In Spite of It.* Crown Currency.

[8] Clance, P. & Imes, S. (Fall 1978). "The Imposter Phenomenon in High Achieving Women: Dynamics and Therapeutic Intervention." *Pshychotherapy: Theory, Research & Practice*, 15(3): 241-247.

[9] Orbé-Austin, L. and Orbé-Austin, R. (2020). *Own Your Greatness: Overcome Imposter Syndrome, Beat Self-Doubt, and Succeed in Life*. Ulysses Press.

為什麼我會這樣？冒牌者的常見原因

[1] Muqaddas, J. et al.(2017). Impact of Social Media on Self-Esteem. *European Scientific Journal,* 13, 329-341,10.

[2] https://www.ncbi.nlm.nih.gov/pmc/articles/PMC7174434/

職場方舟0024

不假裝，也能閃閃發光

停止自我否定、治癒內在脆弱，擁抱成就和讚美的幸福配方

作　　者　張瀞仁
封面設計　黃祺芸 Huang Chi Yun
攝影協力　王愷云
造型協力　劉欣宜
妝髮協力　顏維音、何屏
內頁設計　Atelier Design Ours
內頁排版　菩薩蠻電腦科技有限公司
特約編輯　黃信瑜
主　　編　錢滿姿
行銷主任　許文薰
總 編 輯　林淑雯

出 版 者　方舟文化／遠足文化事業股份有限公司
發　　行　遠足文化事業股份有限公司（讀書共和國出版集團）
231 新北市新店區民權路 108-2 號 9 樓
電話：（02）2218-1417　傳真：（02）8667-1851
劃撥帳號：19504465　戶名：遠足文化事業股份有限公司
客服專線：0800-221-029　E-MAIL：service@bookrep.com.tw
網　　站　www.bookrep.com.tw
印　　製　通南彩印股份有限公司　電話：（02）2221-3532
法律顧問　華洋法律事務所　蘇文生律師
定　　價　420 元
初版一刷　2024 年 1 月
初版四刷　2024 年 6 月

方舟文化
官方網站

方舟文化
讀者回函

國家圖書館出版品預行編目 (CIP) 資料

不假裝，也能閃閃發光：停止自我否定、治癒內在脆弱，擁抱成就和讚美的幸福配方／張瀞仁著 . -- 初版 . -- 新北市：方舟文化，遠足文化事業股份有限公司，2024.01
328 面；14.8×21 公分 . -- (職場方舟；24)
ISBN 978-626-7291-81-8(平裝)

1.CST：職場成功法 2.CST：自我肯定

494.35 112019447